冶金工业出版社

普通高等教育"十四五"规划教材

空间数据库实战教程

主 编 范冬林 蓝贵文 刘 沛
副主编 付波霖 何宏昌 徐 勇

北 京
冶金工业出版社
2024

内 容 提 要

本书旨在帮助读者学习和掌握使用 PostgreSQL 和 PostGIS 进行空间数据处理和分析的技能。全书共 6 章，主要内容包括软件简介与安装、数据准备、常规 SQL 语言操作、矢量数据 SQL 语句操作、栅格数据 SQL 语句操作和 PostGIS 应用等。

本书可作为高等院校地理信息科学、计算机科学等专业的教材，也可供测绘、环境、规划等领域具有空间数据库应用需求的工程技术人员阅读和参考。

图书在版编目（CIP）数据

空间数据库实战教程/范冬林，蓝贵文，刘沛主编.—北京：冶金工业出版社，2024.3

普通高等教育"十四五"规划教材

ISBN 978-7-5024-9783-5

Ⅰ.①空…　Ⅱ.①范…　②蓝…　③刘…　Ⅲ.①空间信息系统—高等学校—教材　Ⅳ.①P208

中国国家版本馆 CIP 数据核字（2024）第 053494 号

空间数据库实战教程

出版发行	冶金工业出版社	电　　话	(010)64027926
地　　址	北京市东城区嵩祝院北巷 39 号	邮　　编	100009
网　　址	www.mip1953.com	电子信箱	service@ mip1953.com

责任编辑　杜婷婷　美术编辑　吕欣童　版式设计　郑小利
责任校对　葛新霞　责任印制　禹　蕊
北京印刷集团有限责任公司印刷
2024 年 3 月第 1 版，2024 年 3 月第 1 次印刷
787mm×1092mm　1/16；11.25 印张；268 千字；169 页
定价 45.00 元

投稿电话　(010)64027932　投稿信箱　tougao@cnmip.com.cn
营销中心电话　(010)64044283
冶金工业出版社天猫旗舰店　yjgycbs.tmall.com
（本书如有印装质量问题，本社营销中心负责退换）

编　委　会

主　编　范冬林　蓝贵文　刘　沛

副主编　付波霖　何宏昌　徐　勇

参　编　李景文　陆妍玲　韦　波　姜建武

前　言

随着泛在测绘的发展，时空数据的采集、存储、处理和管理等技术的研究不断深化，数据的维度不断增加，数据的体系和管理模式也不断变化。传统测绘时空数据管理的思维和技术已不再适用，为了响应泛在测绘时代的空间数据快速处理需求，更多开放开源的数据工具被引入测绘地理信息行业。在数字化时代，空间数据的重要性日益凸显，而泛在测绘技术的兴起为我们提供了海量的实时空间数据。如何高效地获取、管理和分析这些数据已成为重要的挑战，并引发了学者对空间数据库的关注和研究。

编者在讲授空间数据库课程中，受困于"授人以鱼"，学生学到的知识往往难以转化为实践应用。基于此，编者结合企业工作和课堂教学经验，坚持实用性和可操作性原则，根据"知识→技能→能力"培养方式，引导学生基于已有的知识点不断探索空间数据库的应用面，从而实现"授人以渔"。

为落实党的二十大精神进教材，本书在核心章节均设置导读以激发学生的爱国情怀，同时在问题设计中通过"海上丝绸之路""红色足迹"等内容引导学生不忘初心、牢记使命，以中华民族伟大复兴为己任。

本书系统地介绍了空间数据库的基础知识和应用技术，并提供了清晰的概念讲解、详细的实验操作和步骤演示、丰富的问题引导和实际案例。第 1 章介绍了 PostgreSQL 和 PostGIS 的安装与配置，读者将学习如何正确安装 PostgreSQL 数据库以及配置 PostGIS 空间引擎。同时，还介绍了 GeoServer 的安装与配置，包括 JDK 的安装和 GeoServer 的设置。第 2 章主要介绍了数据的准备，读者将了解如何处理矢量数据和栅格数据，并学习数据导入的方法，包括创建数据库、删除数据库以及导入 SHP 数据等。第 3 章涵盖了常规 SQL 语言操作，读者将学习如何进行数据插入、删除、修改和查询等操作。具体内容包括简单数据查询、单表指定条件查询、聚合函数查询、多表连接查询和子查询等，此外还介绍了存储过程和事件的使用。第 4 章和第 5 章分别介绍了矢量数据和栅格数据的 SQL 语句操作，读者将学习如何使用几何图形 SQL 操作和空间关系 SQL 操作来处理矢量数据。同时，还介绍了栅格数据的加载方法以及栅格函数的使用，包括栅格创建、栅格输出、栅格访问器、栅格存取、栅格运算和栅格处理等。第 6 章介绍了 PostGIS 的应用，包括与 ArcGIS 和 GeoServer 的联动以及 OpenLayers 的应用。读者学习如何将 PostGIS 与 ArcGIS 结合使用，以及如何使用 GeoServer 发布 PostGIS 空间数据和 OGC 服务。此外，还介绍了 OpenLayers 的基本概念和如何调用 GeoServer 发布的 WMS 数据。本书附录提供了章节练习参考答案，便于读者进行实际操作和巩固所学知识。

　　本书由范冬林、蓝贵文、刘沛任主编，付波霖、何宏昌、徐勇任副主编，李景文、陆妍玲、韦波、姜建武参编，梁天龙、王萌卉、邹丰帆、李东博、张永婷参与本书的整理和校对等工作。

　　书中内容涉及的研究和本书的出版得到了广西高等教育本科教学改革工程项目（2023JGZ135、2022JGZ135）、桂林理工大学教材建设基金的支持和资助，在此表示衷心的感谢。

　　由于编者水平所限，书中遗漏及不足之处，敬请广大读者批评指正。

编　者

2023 年 12 月

目　　录

1 软件简介与安装

导语

　　党的二十大擘画了全面建成社会主义现代化强国的宏伟蓝图和实践路径，一步一个脚印地坚持与党的二十大精神有机结合，使我们更有信心地迎接新的挑战，开创美好的未来，推动实现中华民族伟大复兴的梦想。伟大事业都是从一点一滴做起的，所谓千里之行，始于足下，学习空间数据库也是如此，需要以坚持不懈的努力来逐步实现学习目标，才能推动更好地掌握空间数据库的相关知识，实现对空间数据快速处理和分析的目标。

　　PostgreSQL 是开源免费的对象关系型数据库系统，是现有的最先进的开源数据库。它的独特性在于可以选择多种语言编写返回值和函数，支持对数组操作，具有表继承的特性，能够定义多列聚合函数。PostGIS 支持对地理数据进行空间分析和空间操作，具有 300 多个空间运算符、空间函数、空间数据类型和空间数据索引。PostgreSQL 为 PostGIS 提供事务支持、gist 空间索引支持和查询规划器，二者的结合操作能够提供强大互补的功能，使用者也更加得心应手。

1.1　空间数据库环境搭建

1.1.1　PostgreSQL 的安装

　　（1）在 PostgreSQL 官网下载 PostgreSQL-13.3 版本安装包，双击打开 PostgreSQL 的应用程序，如图 1-1 所示。

postgis-bundle-pg13x64-setup-3....	2021/7/4 11:12	应用程序	34,716 KB
postgresql-13.3-2-windows-x64	2021/7/4 11:10	应用程序	268,504 KB

图 1-1　安装目录

　　（2）进入 PostgreSQL 的安装对话框，单击"Next"按钮进入下一步，如图 1-2 所示。

　　（3）选择 PostgreSQL 的安装文件夹，单击"Next"按钮，如图 1-3 所示。

　　（4）在弹出窗口中，全选安装软件部分，单击"Next"按钮，如图 1-4 所示。

　　（5）默认 PostgreSQL 的数据存储路径，单击"Next"按钮，如图 1-5 所示。

　　（6）安装超级用户名为 postgres，需要在 Password 和 Retype password 栏输入密码，在演示中设置 Password 为 welcome，Retype password 也是 welcome，单击"Next"按钮，如图 1-6 所示。

　　（7）设置服务监听端口，默认为 5432，单击"Next"按钮，如图 1-7 所示。

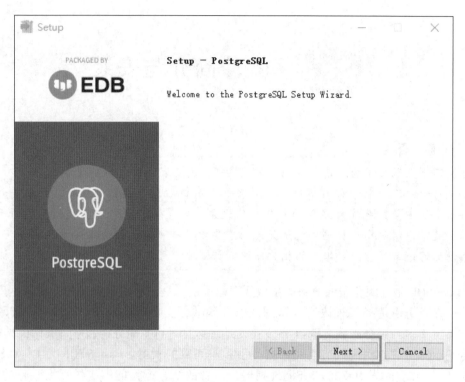

图 1-2　PostgreSQL 安装对话框

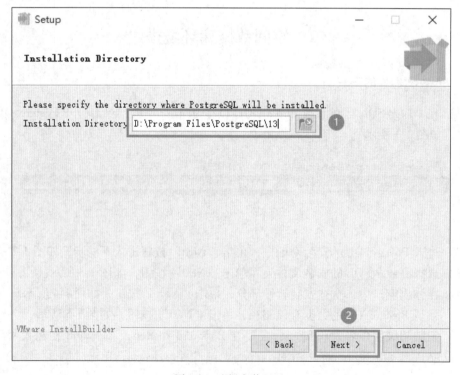

图 1-3　选择安装目录

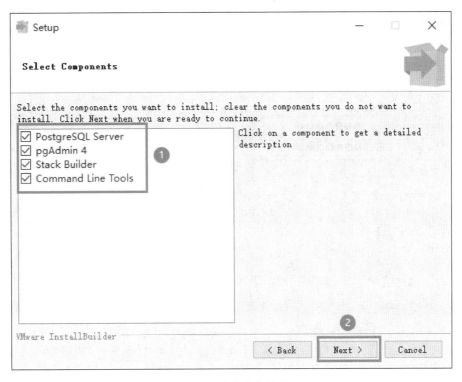

图 1-4　全选安装软件

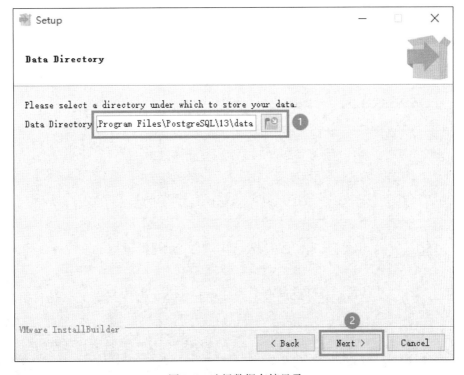

图 1-5　选择数据存储目录

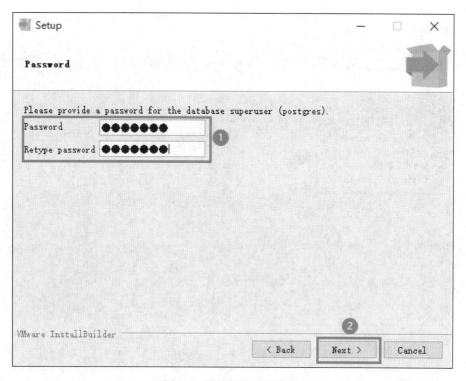

图 1-6　设置超级用户密码

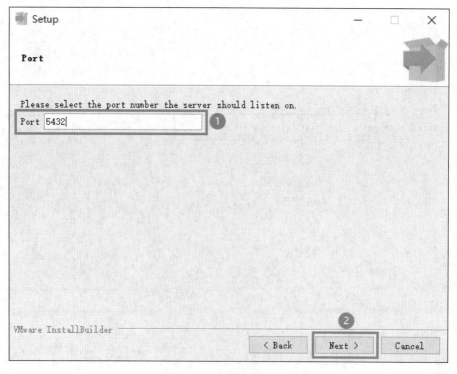

图 1-7　设置服务监听端口

（8）选择运行时语言环境，建议选择 Default locale，如果选择其他语言，则可能导致查询和排序错误，单击"Next"按钮，如图 1-8 所示。

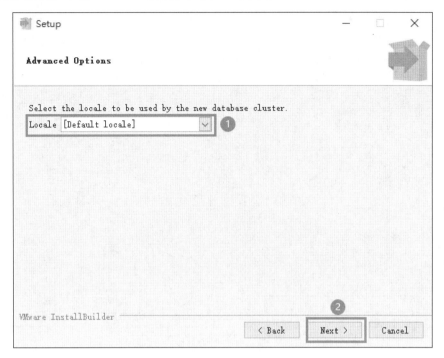

图 1-8 设置运行时语言环境

（9）安装配置完成。单击"Next"按钮进行安装，如图 1-9 所示。

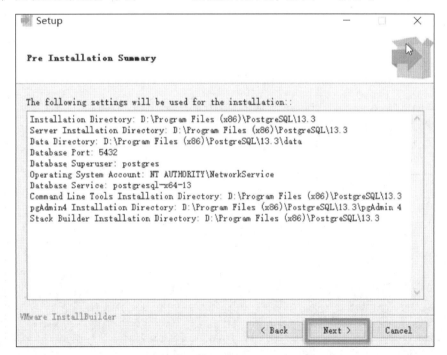

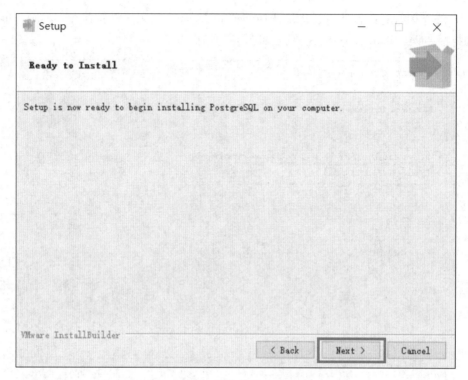

图 1-9 安装提示对话框

（10）安装过程对话框如图 1-10 所示。

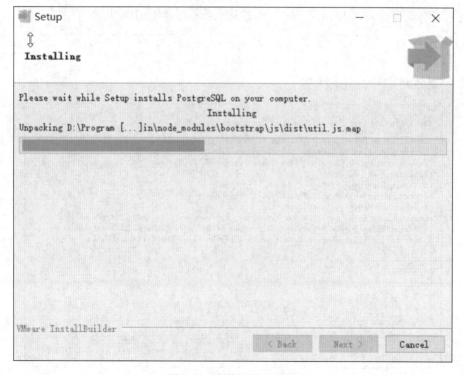

图 1-10 安装过程对话框

（11）安装完成，此时要先取消勾选"Stack Builder…"，再单击"Finish"按钮完成PostgreSQL 的安装，如图 1-11 所示。

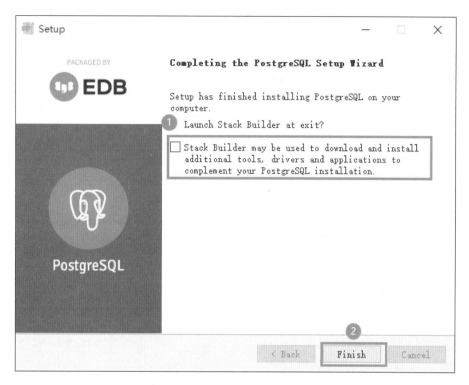

图 1-11　PostgreSQL 安装完成对话框

1.1.2　PostGIS 空间引擎配置

（1）在 PostGIS 官网中下载与 PostgreSQL 13.3 版本对应的 PostGIS 安装包，双击打开PostGIS 的应用程序，如图 1-12 所示。

| postgis-bundle-pg13x64-setup-3.... | 2021/7/4 11:12 | 应用程序 | 34,716 KB |
| postgresql-13.3-2-windows-x64 | 2021/7/4 11:10 | 应用程序 | 268,504 KB |

图 1-12　PostGIS 安装包目录

（2）进入许可协议对话框，单击"I Agree"按钮，如图 1-13 所示。

（3）在弹出窗口勾选"Create spatial database"，用以创建空间数据库实例，单击"Next"按钮，如图 1-14 所示。

（4）选择目标文件夹为 PostgreSQL 的安装目录，单击"Next"按钮，如图 1-15 所示。

（5）输入数据库的连接信息，包括用户名、密码（welcome）和端口号，输入完成后单击"Next"按钮，如图 1-16 所示。

（6）默认数据库的名称，单击"Install"按钮进行安装，如图 1-17 所示。

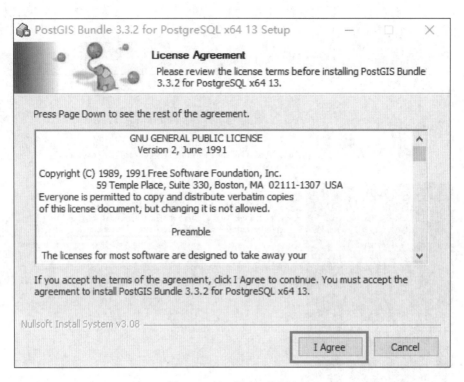

图 1-13   许可协议对话框

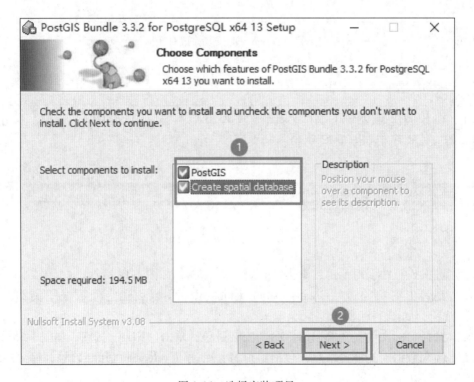

图 1-14   选择安装项目

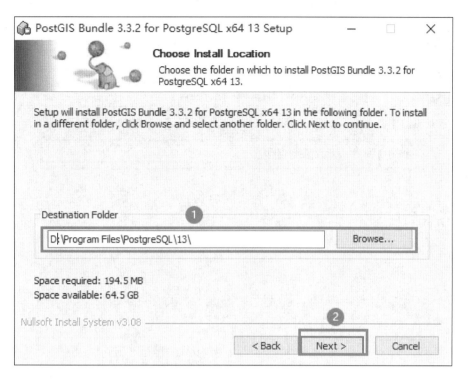

图 1-15　选择安装目录

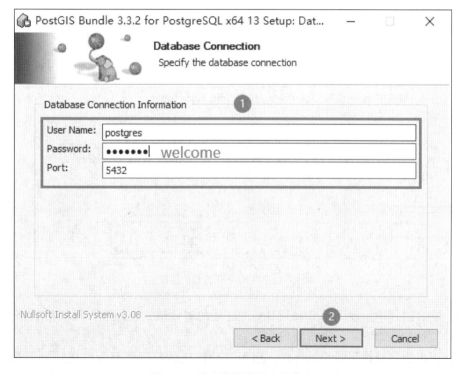

图 1-16　输入数据库的连接信息

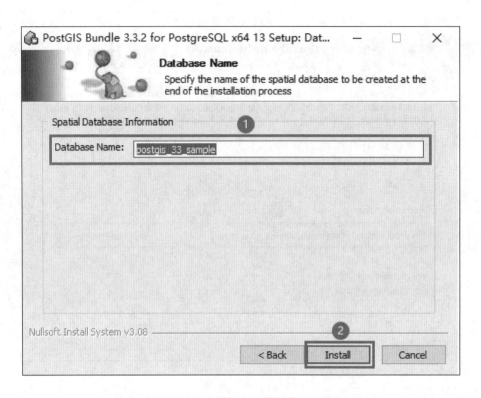

图 1-17　给定样例空间数据库的名称

（7）安装过程中出现注册 PROJ_LIB 环境的对话框，它是数据投影所用到的库，单击"是"按钮继续安装，如图 1-18 所示。

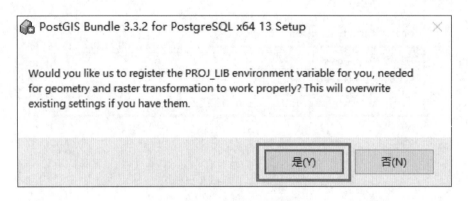

图 1-18　注册 PROJ_LIB 环境

（8）安装过程中出现注册 GDAL_DATA 环境的对话框，它用于保证栅格数据的存储，单击"是"按钮继续安装，如图 1-19 所示。

（9）弹出设置栅格驱动的对话框，用于支持栅格的数据类型，单击"是"按钮继续安装，如图 1-20 所示。

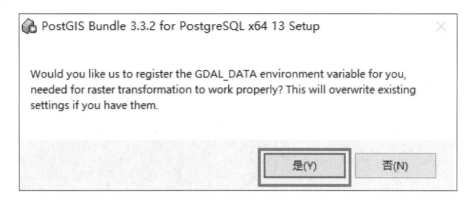

图 1-19 注册 GDAL_DATA 环境

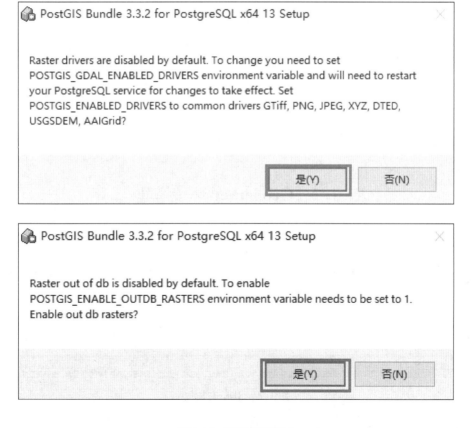

图 1-20 设置栅格驱动

（10）单击"Close"按钮，关闭对话框，完成安装，如图 1-21 所示。

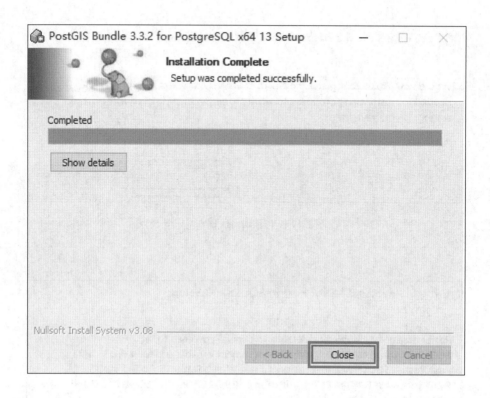

图 1-21   安装完成

1.2   GeoServer 环境塔建

1.2.1   JDK 的安装

（1）安装 GeoServer 前，需要 JRE 环境，故要先进行 JDK 的安装。双击打开 JDK 安装包文件，如图 1-22 所示。

| GeoServer-install-2.19.1 | 2021/7/5 22:13 | 应用程序 | 101,235 KB |
| jdk-8u231-windows-x64 | 2019/12/3 21:12 | 应用程序 | 215,228 KB |

图 1-22   JDK 安装包

（2）在弹出的安装窗口中单击"下一步"按钮，如图 1-23 所示。

（3）修改功能安装路径，单击"下一步"按钮，如图 1-24 所示。

（4）更改安装路径，这个路径要记住，在安装 GeoServer 要用到，单击"下一步"按钮，如图 1-25 所示。

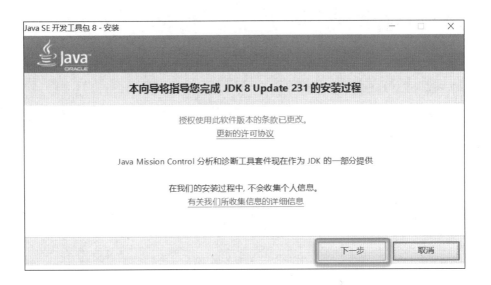

图 1-23　JDK 安装窗口

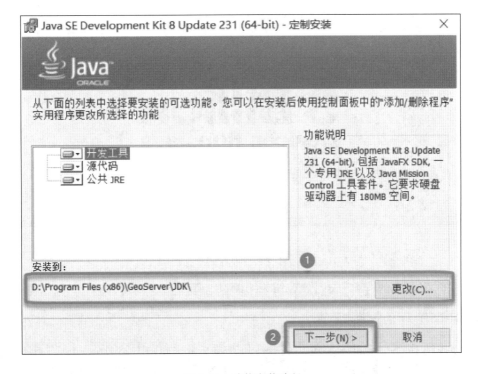

图 1-24　功能安装路径

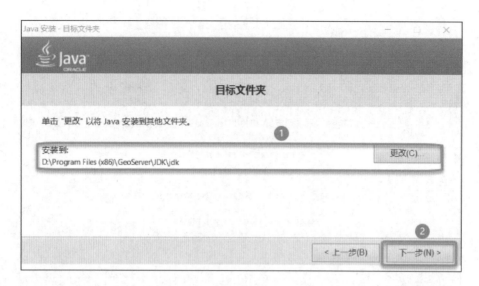

图 1-25　设置安装路径

（5）安装过程对话框如图 1-26 所示。

图 1-26　安装过程对话框

（6）安装完成，单击"关闭"按钮关闭窗口，如图 1-27 所示。

1.2.2　GeoServer 的安装与配置

（1）找到 GeoServer 的安装包，双击打开进入安装，如图 1-28 所示。

（2）进入安装界面，单击"Next"按钮，如图 1-29 所示。

（3）弹出许可协议窗口，单击"I Agree"按钮，如图 1-30 所示。

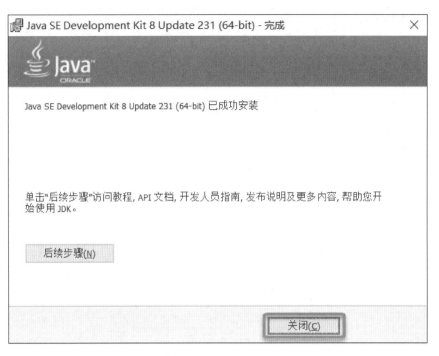

图 1-27　JDK 安装完成对话框

| GeoServer-install-2.19.1 | 2021/7/5 22:13 | 应用程序 | 101,235 KB |
| jdk-8u231-windows-x64 | 2019/12/3 21:12 | 应用程序 | 215,228 KB |

图 1-28　运行 GeoServer

图 1-29　GeoServer 安装界面

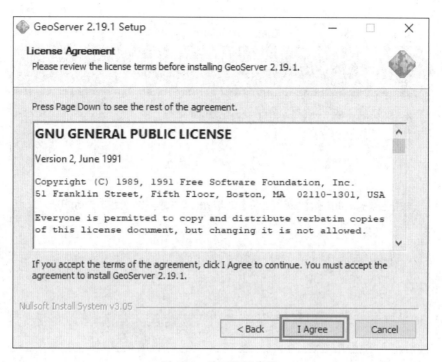

图 1-30　许可协议界面

（4）在弹出的窗口选择 JRE 安装路径，即图 1-31 所示的安装路径，单击"Next"
按钮。

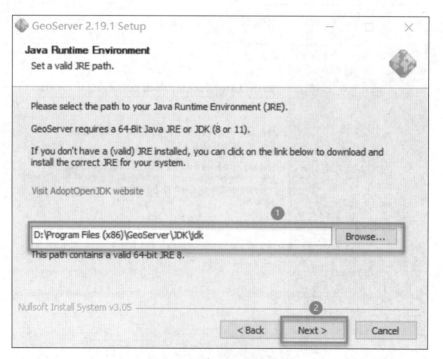

图 1-31　选择 JRE 安装目录

（5）选择安装 GeoServer 的目录，单击"Next"按钮，如图 1-32 所示。

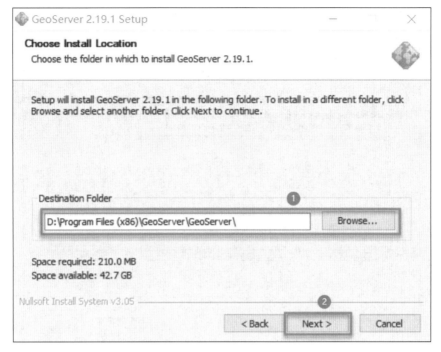

图 1-32　选择安装目录

（6）设置安装目录名称，一般默认，单击"Next"按钮，如图 1-33 所示。

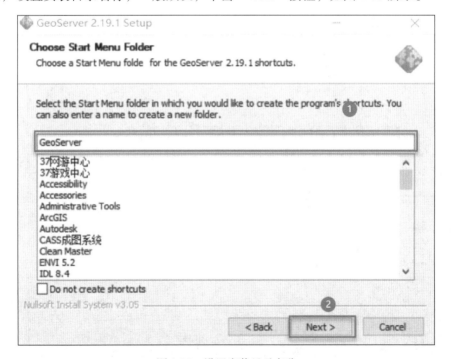

图 1-33　设置安装目录名称

（7）设置 GeoServer 数据存储目录，注意目录文件夹为空且不在执行状态，单击"Next"按钮，如图 1-34 所示。

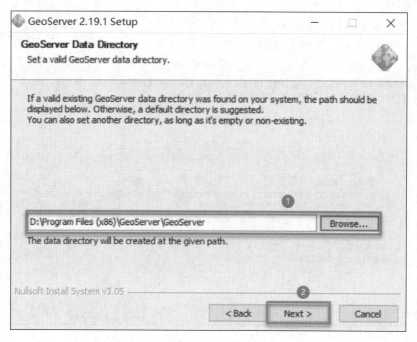

图 1-34　设置 GeoServer 数据存储目录

（8）设置 GeoServer 用户名称和密码，一般选择默认，单击"Next"按钮，如图 1-35 所示。

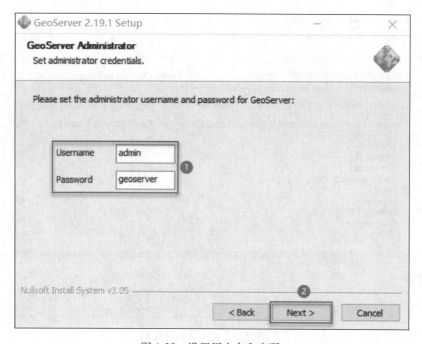

图 1-35　设置用户名和密码

（9）设置 GeoServer 服务端口，一般选择默认，单击 "Next" 按钮，如图 1-36 所示。

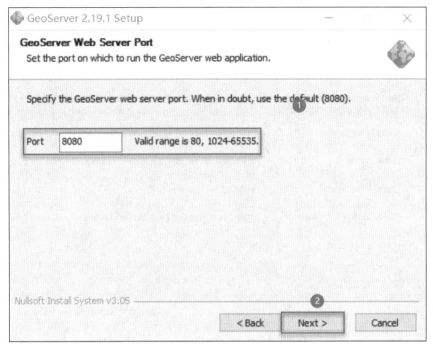

图 1-36　设置 GeoServer 服务端口

（10）选择服务安装，为所有计算机用户开放，单击 "Next" 按钮，如图 1-37 所示。

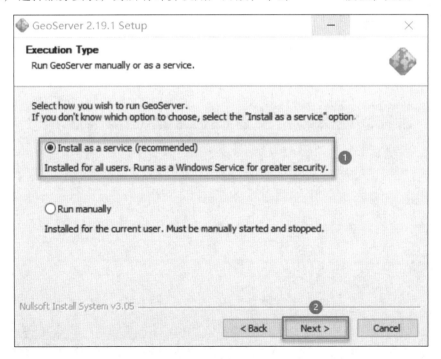

图 1-37　选择安装类型

（11）查看配置信息，确认无误，单击"Install"按钮进行安装，如图1-38所示。

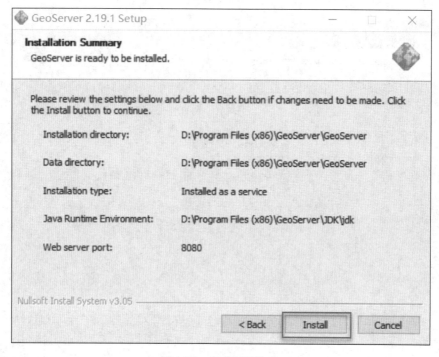

图1-38　查看配置信息

（12）安装过程对话框如图1-39所示。

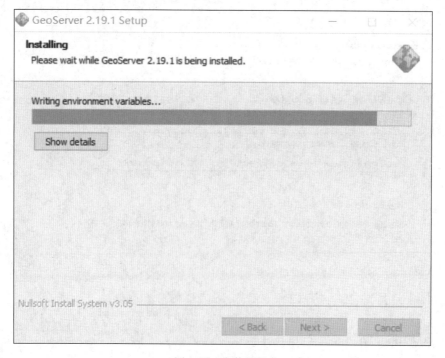

图1-39　安装过程

（13）安装完成，单击"Finish"按钮关闭对话框，如图 1-40 所示。

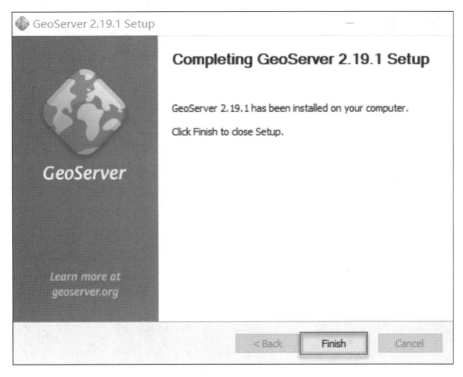

图 1-40 安装完成

（14）打开浏览器，输入 http://localhost:8080/geoserver，如果网页能打开，则说明安装成功，输入登录用户名和密码即可进行发布空间数据等操作。

2 数据准备

导语

数据作为一种新型生产要素被写入《中共中央国务院关于构建更加完善的要素市化配置体制机制的意见》文件中，凸显了数据在现代社会发展中的重要地位和作用。作为数据的核心载体，数据库在保障数据安全方面起着关键的作用。为了确保数据的安全，我国于2021年9月1日正式实施了《中华人民共和国数据安全法》。这一法律的实施对于空间数据的保护尤为重要。空间数据直接关乎国家信息安全，在进行数据库设计、数据应用、数据传输等过程中，需要充分认识数据的重要性和敏感性，并且要注意确保数据处于有效保护和合法利用的状态。只有不忘初心、牢记使命，注重道德和伦理的规范，坚守诚实守信的原则，才能在数据库的学习和应用过程中做到合法合规、负责任地处理和利用数据。

2.1 矢量数据说明

本书使用的矢量数据主要为全国省会城市点数据、全国一二级河流矢量线数据、全国主要铁路线数据、全国边界线数据、全国省级行政区划面数据、全国县级行政区划面数据，以及矢量数据对应属性。矢量数据从相关网站下载，使用 ArcGIS 进行预处理，包括转换投影、更改名称以及属性表处理等。全国省份 GDP、人口数据从国家统计局网站获取，并制作表格，导入全国省级行政区划属性表。具体数据说明见表 2-1。

表 2-1　数据说明

数据名称	中文名称	属性列	属 性 解 释
sdb_province_capital	全国省会城市	FID	序号
		Shape	数据类型，Point
		name	省会城市名称
		id	城市分级，id=1 为中国首都，id=0 为省会城市
sdb_state_border	国界	FID	序号
		Shape	数据类型，Polyline
		LENGTH	国界线段长度（单位：km）
sdb_river	全国河流	FID	序号
		Shape	数据类型，Polyline
		JB	河流分级，JB=1 为一级河流，JB=2 为二级河流
		name	河流名称

数据名称	中文名称	属性列	属 性 解 释
sdb_railway	全国铁路	FID	序号
		Shape	数据类型，Polyline
		PINYIN	铁路中文拼音
		name	铁路名称
sdb_province	全国省级行政区划	FID	序号
		Shape	数据类型，Polylgon
		name	省份名称
		popu2015	2015 年各省份人口数据（单位：万人）
		popu2016	2016 年各省份人口数据（单位：万人）
		popu2017	2017 年各省份人口数据（单位：万人）
		popu2018	2018 年各省份人口数据（单位：万人）
		popu2019	2019 年各省份人口数据（单位：万人）
		GDP2015	2015 年各省份 GDP（单位：亿元）
		GDP2016	2016 年各省份 GDP（单位：亿元）
		GDP2017	2017 年各省份 GDP（单位：亿元）
		GDP2018	2018 年各省份 GDP（单位：亿元）
		GDP2019	2019 年各省份 GDP（单位：亿元）
sdb_county	全国县级行政区划	FID	序号
		Shape	数据类型，Polylgon
		name	中文县名称
		BNAME	英文县名称

此外，增加一个全国开设了 GIS 这个专业课的高校数据（数据获取时间截至 2021 年），该数据为 csv 格式。

2.2　栅格数据说明

栅格数据为全球的温度数据，海温数据源自欧空局 COPERNICUS 服务，栅格波段值为温度，单位为开尔文（K）。

2.3　数据导入

2.3.1　创建数据库

（1）打开 pgAdmin4 程序，创建一个新数据库，输入数据库名称，单击"Save"按钮，如图 2-1 所示。

（2）也可以通过 SQL 工具使用 CREATE DATABASE 命令创建该数据库。例如：上述通过界面创建数据库 sdb_course 的过程，可以通过如下 SQL 命令创建，如图 2-2 所示。

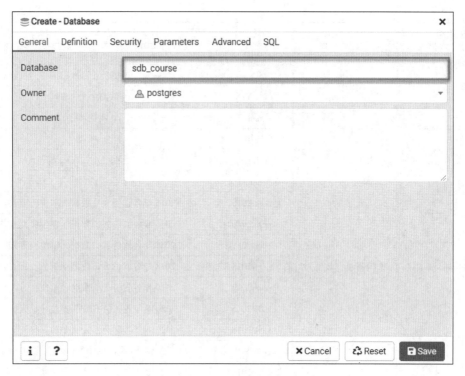

图 2-1 创建数据库

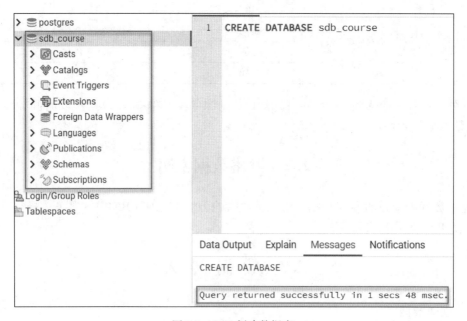

图 2-2 SQL 创建数据库

```
CREATE DATABASE sdb_course;
```

（3）运行成功，刷新数据库，就能看到创建的数据库。

（4）单击 SQL 查询按钮，在查询文本字段中输入以下查询，以加载 PostGIS 空间扩展，如图 2-3 所示。

```
CREATE Extension postgis;
```

图 2-3　加载 PostGIS 空间扩展

（5）输入语句后单击运行按钮 "▶"，刷新拓展模块，查看是否成功加载 PostGIS 空间拓展，如图 2-4 所示。

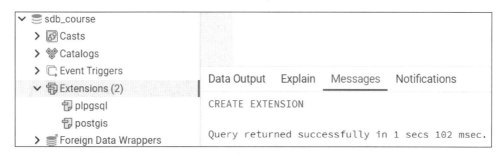

图 2-4　查看 PostGIS 是否加载成功

（6）通过运行 PostGIS 功能确认是否安装 PostGIS：在 SQL 中输入语句（见图 2-5 框中语句），单击运行按钮 "▶" 查看结果，如图 2-5 所示。

图 2-5　运行 PostGIS 功能确认是否安装 PostGIS

2.3.2　删除数据库

选中所要删除的数据库，右键单击打开子菜单，选择"Delete/Drop"，在弹出的删除数据库菜单中单击"Yes"按钮，就可以删除数据库了，如图 2-6 所示。

注意：删除时要求该数据库没有正在打开的窗口，否则删除失败。

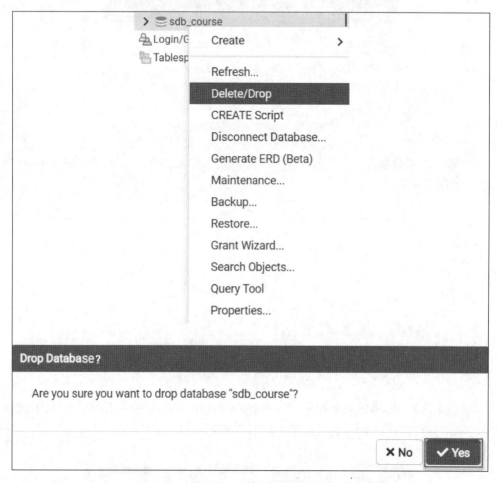

图 2-6　界面删除数据库

同理，可以使用 SQL 语句，DROP DATABASE 命令来实现数据库的删除。

例如：想要删除一个数据库名称为 sdb_course 的数据库：首先将数据库设置为不在运行状态，具体步骤为选中想要删除的数据库，右键单击弹出子菜单，单击"Disconnect Database"，在弹出界面单击"Yes"，就可以设置数据库不在运行状态了，如图 2-7 所示。

然后在 SQL 中输入如下命令，并单击运行按钮"▶"。

```
DROP DATABASE sdb_course;
```

运行成功，刷新数据库，就能看到删除了名称为 sdb_course 的数据库了。

注意：只有在其他数据库的 SQL 命令下输入删除命令才能对 sdb_course 数据库进行删除，如果在 sdb_course 数据库下的 SQL 命令窗口执行，即使设置了数据库不在运行状态，

图 2-7　设置数据库不在运行状态

但是由于在 sdb_course 数据库下有语句在执行，系统就默认 sdb_course 数据库还在运行状态，不能对数据库进行删除操作，如图 2-8 所示。

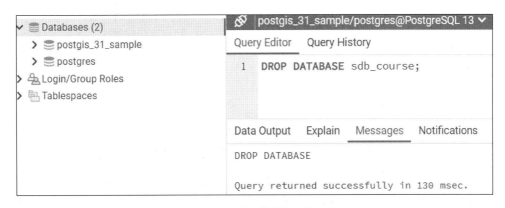

图 2-8　SQL 删除数据库

2.3.3　导入 SHP 数据

（1）返回到电脑桌面，搜索 PostGIS，单击打开 PostGIS PostGIS Bundle 3 for PostgreSQL×64 13 Shapefile and DBF Loader Exporter，如图 2-9 所示。

图 2-9　打开 PostGIS

（2）在弹出窗口单击"View connection details"，如图 2-10 所示。

图 2-10　Import Shapefiles 窗口

（3）配置连接地址，需要注意的是，Database 输入的是前面新建的数据库名称，设置如图 2-11 所示。

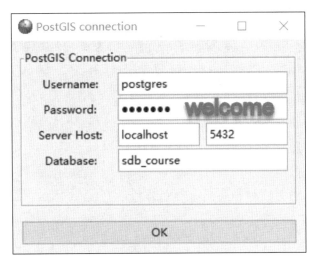

图 2-11　配置连接地址

（4）连接成功，如图 2-12 所示。

图 2-12　连接成功界面

（5）单击"Add File"按钮，选择需要导入的 SHP 文件目录，单击"Open"按钮进行文件导入，如图 2-13 所示。

2　数据准备

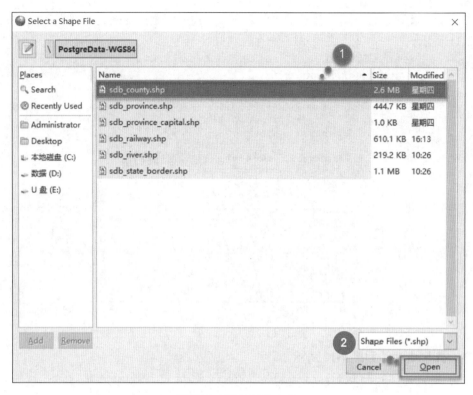

图 2-13　导入 SHP 文件

（6）将文件的 SRID 值更改为 4326。注意，使用 Shapefile 已经填充了模式、表和列名。更改后单击"Import"按钮，注意文件路径一定设置为英文路径，否则会导入失败，如图 2-14 所示。

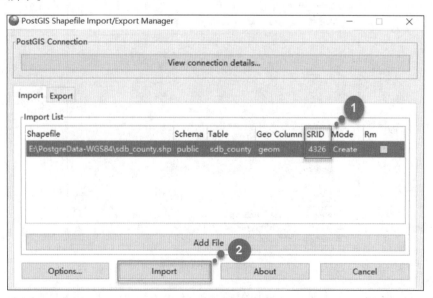

图 2-14　改 SRID 值为 4326

（7）导入成功，如图 2-15 所示。

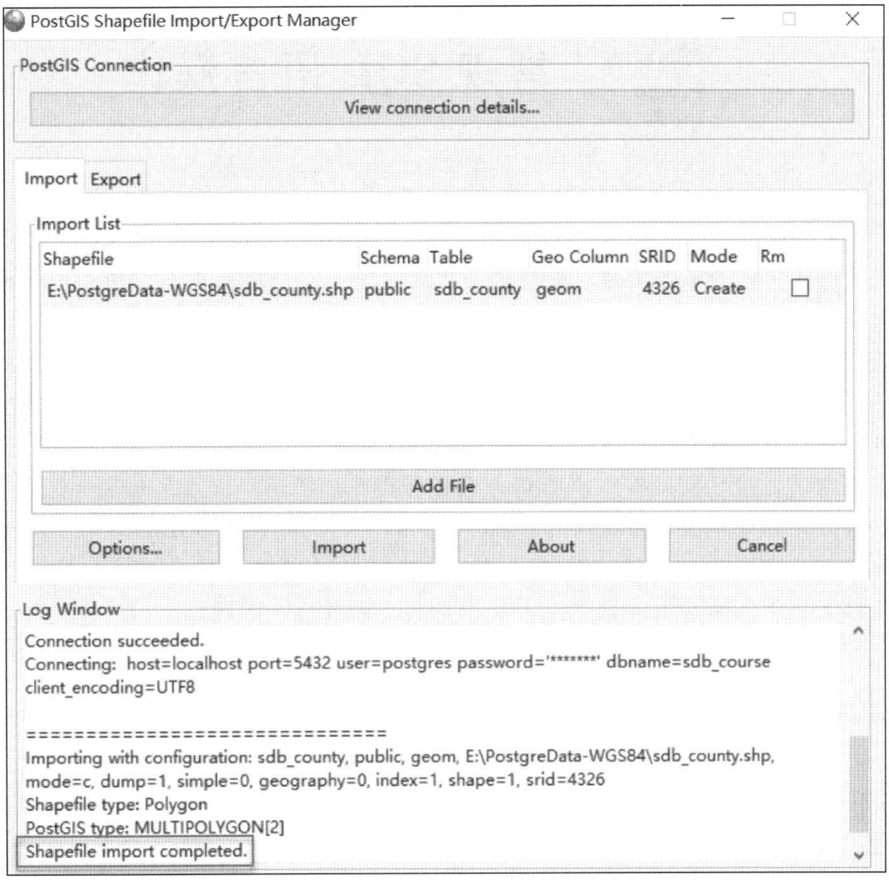

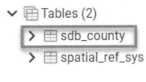

图 2-15　导入 SHP 数据成功

查看数据，在 pgAdmin4 中查看导入的表格，并且打开表格查看图形，如图 2-16 所示。

图 2-16　查看导入数据

3 常规 SQL 语言操作

导 语

随着国际竞争的升级和国家对软件国产化的鼓励，国产软件逐渐受到重视和推崇。在这个背景下，华为以其独特的"工匠精神"定义中国的"质"造，成功开发了软硬协同、完全自主研发的国产数据库 GaussDB。GaussDB 的诞生是华为工匠精神的体现。工匠精神代表着严谨、精益、专注和创新，这正是华为在研发 GaussDB 过程中所秉持的态度。凭借这种工匠精神，华为致力于打造一款精炼且高性能的国产数据库，以满足不断增长的数据存储和管理需求。学习数据库的 SQL 语句同样需要发挥严谨、精益、专注和创新的工匠精神。SQL 语句是数据库操作和查询的基础，编写精炼、高性能的 SQL 语句对于提升数据库性能和效率至关重要。只有通过严谨的学习、不断精益求精的实践，并专注于细节和创新，才能编写出优化的 SQL 语句，从而提升数据库的性能和效果。

3.1 数据插入

INSERT INTO 语句用于向目标表中插入新的行。常见的数据插入操作主要包括向表中所有字段插入数据、向表中指定字段插入数据。

向表中所有字段插入数据的语法形式为：

```
insert into   表名   values(值 1,值 2,…);
```

也可以向指定列插入数据：

```
insert into   表名 (列 1,列 2,…)values(值 1,值 2,…);
```

当创建完一个空的表之后，就可以向里面插入数据，可以选择一次插入一行数据或插入多行数据；向表中所有字段插入数据时，插入字段的数量要和表内的字段列数相同，并且顺序也要对应。

```
--创建数据表结构
--创建部门 dept 表
create table dept(
    id int primary key,                  --部门编号
    name varchar(30),                    --部门名称
    location varchar(200),               --部门所在地
    tel varchar(11),                     --部门电话
    manager varchar(30)                  --部门经理
);
```

```
--创建员工 employee 表
create table employee(
    id int primary key,                           --员工编号
    name varchar(30) not null,                    --员工姓名
    gender char(2) not null,                      --员工性别, f:女, m:男
    dept_id int,                                  --所在部门编号
    job varchar(50),                              --职位
    salary numeric(9, 2),                         --工资
    heirDate date,                                --入职日期
    constraint fk_emp_deptid foreign key (dept_id) references dept(id)
);
```

上述 SQL 语句先创建了两个空表: 一个是名字为 dept 的部门表; 另一个是名字为 employee 的员工表, 并定义字段名及其数据类型。指定 dept 部门表中主键为部门编号, 指定 employee 员工表中主键为员工编号, 并且在 employee 员工表中添加名称为 fk_emp_deptid 的外键约束, 定义 employee 员工表, 让它的键 dept_id 作为外键关联到部门表 dept 的主键部门编号 (id) 上, 这样两个表之间就建立了联系。再使用 INSERT INTO 命令向表中插入数据, 注意插入数据的数据类型、数量和顺序要和表内的字段属性一致。当插入数据时, 只会返回插入成功, 并不会返回插入的具体数据, 如果想具体查看, 可以使用简单的查询让插入的数据更加直观地显示, 如图 3-1 所示。

| 8 | select * from dept; |

数据输出　消息　通知

	id [PK] integer	name character varying (30)	location character varying (200)	tel character varying (11)	manager character varying (30)
1	1	开发部	北京市海淀区	999999	黄明
2	2	技术部	北京市朝阳区	555555	张三丰
3	3	人事部	北京市东城区	666666	李达
4	4	运维部	北京市昌平区	888888	孙峰
5	5	财务部	北京市西城区	333333	王东
6	6	销售部	北京市丰台区	777777	杨大伟
7	7	售后部	北京市顺义区	222222	蒋亮

图 3-1　简单数据查询

比如向表中的所有字段插入数据:

```
insert into dept values (1,'开发部',  '北京市海淀区','999999','黄明');
```

还可以向指定列插入数据:

```
insert into dept (id, name, tel) values (8, '后勤部', '345667');
```

如果某些字段没有插入值, 默认填充为 null, 如图 3-2 所示。

```
11    select * from dept where id = 8;
```

数据输出　消息　通知

id [PK] integer	name character varying (30)	location character varying (200)	tel character varying (11)	manager character varying (30)
1 8	后勤部	[null]	345667	[null]

图 3-2　带条件的数据查询

约束有以下类型：

（1）primary key 表示主键约束，要求主键列的数据唯一，并且不允许为空。主键能够唯一地标识一条记录。

在定义列的同时指定主键，语法规则如下：

字段名　数据类型　primary key

（2）foreign key 表示外键约束，外键用来在两个表的数据之间建立连接。一个表的外键可以为空，若不为空，则每个外键值必须等于另一个表中主键的值。

创建外键的语法规则如下：

constraint　外键名　foreign key　字段名　reference　主表名　键列

（3）not null 表示非空约束，非空约束指字段的值不能为空，因此在插入数据时，应该注意那些约束非空的字段必须赋值。

非空约束的语法规则如下：

字段名　数据类型　not null

（4）unique 表示唯一性约束，要求添加该约束的列字段值唯一，允许为空，但只能出现一个空值，唯一性约束可以保证一列或者几列不出现重复值。

在定义完列之后直接指定唯一性约束，语法规则如下：

字段名　数据类型　unique

（5）default 表示默认约束，默认约束可以指定某列的默认值。如男性同学较多，性别就可以默认为"男"，在插入一条新的数据时，如果没有为这个字段赋值，那么系统就会自动为这个字段赋值为"男"。

默认约束的语法规则如下：

字段名　数据类型　default　默认值

练习

请根据创建的部门表 dept 和员工表 employee，练习以下问题。

问题 1：创建 employee 表时，对员工编号（id）进行非空约束，对性别建立默认约束。

问题 2：向 dept 表中插入部门编号为 12、部门经理为张三这行数据。

问题 3：向表中插入数据时，如果不插入部门编号（id）这一字段，可以插入成功吗，为什么？

问题 4：向员工表中插入员工编号为 109、名字为赵云、性别为女、所在部门为 7、职位为售后客服、工资为 5000 元、入职日期为 2021.7.1 的数据。

3.2　数 据 删 除

DELETE 语句可以用于删除表中现有数据的记录，它允许用 WHERE 子句指定删除条件。使用 SQL 语句删除数据分为两种情况：删除所有数据和删除指定数据。

删除所有数据，可以在不删除表的情况下删除所有行，这意味着表的结构、属性和索引都是完整的，语法形式如下：

```
delete from   表名；
```

或者

```
delete * from   表名；
```

使用 DELETE 删除数据时，加上 WHERE 子句可以限定删除范围，语法形式如下：

```
delete from   表名
where 列名 = 值；
```

例如，由于粗心往表内 id 为 1 这一行输入了错误的数据，想要删除表 dept 中 id 为 1 的这一行记录，可以这样实现：

```
delete from dept where id = 1
```

删除数据后进行查询，就可以清楚地看到删除了一行数据。

练习

请根据创建的部门表 dept 和员工表 employee，练习以下问题。

问题 1：删除部门表中编号 id 为 4 的记录。

问题 2：删除员工表中性别为女的所有记录。

问题 3：能否只删除表内某一行记录的某一个字段？

问题 4：如果不填写 WHERE 关键字后的条件，结果是怎么样？

3.3　数 据 修 改

UPDATE 语句用于修改表中的数据，可以用 WHERE 子句指定修改条件，修改数据的语法形式如下：

```
update 表名
set 列名 = 新值
where 列名 = 值；
```

例如，当想修改 dept 部门表中 id 为 5 的记录，更改其 location 字段和 manager 字段值

为"北京海淀区、刘鹏",语句如下:

```
update   dept
set   location = '北京海淀区', manager = '刘鹏'
where id = 5;
```

这样 id 为 5 的部分字段信息被更新。

📋 **练习**

根据 dept 部门表和 employee 员工表,练习以下问题。

问题 1:修改 employee 员工表,将员工职位是开发工程师的员工工资修改为 10000 元。

问题 2:执行更新操作时,如果忽略 WHERE 子句,将会怎么样?

问题 3:UPDATE 和 DELETE 有什么区别?

问题 4:在 employee 表中,更新员工编号为 106 的记录,将其所在部门调整为 6。

3.4　数 据 查 询

查询语句(SELECT)是数据库中最基本的和最重要的语句之一,其功能是从数据库中检索满足条件的数据。查询的数据源可以来自一张表,也可以来自多张表甚至来自视图,查询的结果是由 0 行(没有满足条件的数据)或多行记录组成的一个记录集合,并允许选择一个或多个字段作为输出字段。SELECT 语句还可以对查询结果进行排序、汇总等操作。查询语句的基本语法结构如下:

```
select
   { */<字段列表>
from
   [ <表名>]
   [ where   <行选择条件>]
   [ group by   <分组依据列>]
   [ having   <组选择条件>]
   [ order by   <排列依据>]
   }
```

查询语句的具体说明见表 3-1。

表 3-1　语句说明

子　句	说　明	是否必须使用
select	要返回的列或者表达式	是
from	从中检索数据的表	仅在从表选择数据时使用
where	行级过滤	否
group by	分组说明	仅在按组计算聚集时使用
having	组级过滤	否
order by	输出排列顺序	否

在此基础上，对各个关键字后面常用的查询限定条件进行总结，分别在关键字的后面扩展更多的表达式或者函数以满足不同条件的查询，如图 3-3 所示。

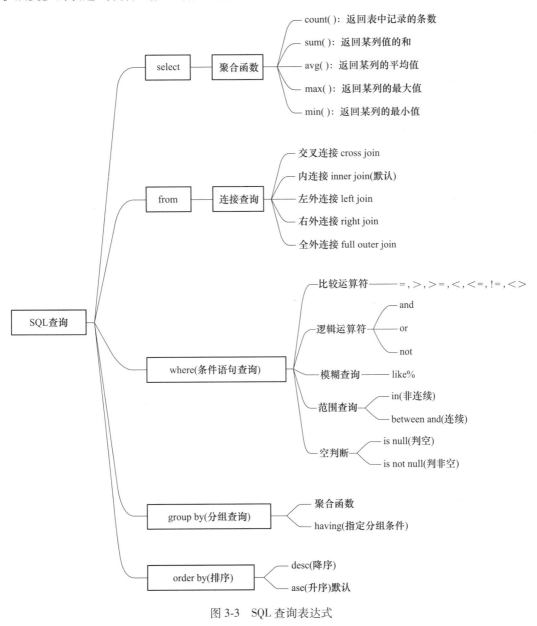

图 3-3　SQL 查询表达式

3.4.1　简单数据查询

SELECT 查询记录最简单的形式就是从一个表中检索所有的记录，语法格式如下：

select */所有字段列　from　表名；

例如：查询 dept 部门表中所有的字段数据，实现的方法是使用 * 通配符，返回所有的列。SQL 语句如下：

```
select *  from dept;
```

练习

根据 dept 部门表和 employee 员工表，练习以下问题。

问题 1：查询 dept 部门表中的所有信息还可以怎么写？

问题 2：查询员工表中所有员工的信息。

问题 3：查询员工表中姓名和性别信息。

3.4.2　单表指定条件查询

3.4.2.1　查询指定字段

查询表中的某一字段，语法格式如下：

```
select 列名 from 表名;
```

例如：查询 dept 部门表中部门编号和部门名称，注意不同字段名之间用逗号隔开。SQL 语句如下：

```
selecti d, name from dept;
```

3.4.2.2　查询指定记录

数据库中包含大量的数据，根据特殊的要求，可能只需要查询表中指定的数据，即对数据进行过滤。在 SELECE 语句中，通过 WHERE 子句进行过滤，语法格式如下：

```
select 字段名
from 表名
where 查询条件;
```

在 WHERE 子句中，PostgreSQL 提供了一系列的条件判断符，具体见表 3-2。

表 3-2　条件判断符

条件判断符	说　　明
=	相等
<>, ! =	不等于
<	小于
<=	小于或者等于
>	大于
>=	大于或者等于

例如：查询 employee 员工表中工资低于 8000 元的员工的名字、编号和性别。SQL 语句如下：

```
select no, name, gender
from employee where salary <8000;
```

📋 **练习**

根据 dept 部门表和 employee 员工表，练习以下问题。

问题 1：分别用等于和不等于两种条件判断符，查询员工表中男性员工的工资。

问题 2：查询工资高于 10000 元的员工入职日期。

问题 3：查询员工工资不等于 5000 元和 6000 元的员工编号及姓名。

问题 4：查询员工工资小于 8000 元的工作岗位有哪些。

3.4.2.3　IN 关键字查询

IN 操作符用来查询满足指定条件范围内的记录。使用 IN 操作符时，将所有检索条件用括号括起来，检索条件用逗号分开。

例如：根据 employee 员工表，查询 id 为 101 和 102 的员工信息。SQL 语句如下：

```
select *
from employee where id in ( 101, 102 );
```

📋 **练习**

根据 dept 部门表和 employee 员工表，练习以下问题。

问题 1：查询部门编号不为 1 和 2 的部门信息。

问题 2：查询工资为 10000 元和 9000 元的员工姓名。

问题 3：查询员工姓名为张玉、张军的工作岗位。

3.4.2.4　BETWEEN AND 范围查询

BETWEEN AND 用来查询某个范围值，需要两个参数，即范围的开始值和结束值，返回满足范围的记录。

例如：根据 employee 员工表，查询员工工资在 8000~10000 元的员工信息。SQL 语句如下：

```
select *
from employee
where salary between 8000 and 10000;
```

3.4.2.5　LIKE 模糊查询

使用 LIKE 关键字的查询又称为模糊查询，通常用于查询字段值包含某些字符的记录，和 LIKE 一起使用的通配符是 "%"，"%" 表示可以匹配 0 个或多个字符。

例如：根据 employee 员工表，查询姓张的员工的姓名、性别和职位。SQL 语句如下：

```
select name, gender, job
from employee
where name like '张%';
```

📋 **练习**

根据 dept 部门表和 employee 员工表，练习以下问题。

问题 1：查询员工表中，名字中包含'云'的所有记录。

问题 2：查询在 2021 年入职的员工的姓名和 id。

问题 3：查询部门表中，地址在北京的部门编号、部门名字、部门地址。

3.4.3　单表指定条件复杂查询

3.4.3.1　空值查询

数据表创建时候，设计者可以指定某列中是否包含空值（null）。注意，空值不同于 0，也不同于空字符串，空值一般表示数据未知、不适用或者以后添加数据。在 SELECT 语句中使用 IS NULL 关键字，可以查询某字段的内容是否为空，下面举例具体说明。

某些员工可能刚入职，具体的个人信息还没有录入，查询员工表中员工性别为空的记录对应的员工编号和姓名。SQL 语句如下：

```
select id, name
from employee
where gender is null;
```

与 IS NULL 相反的是 NOT IS NULL，该关键字查找字段不为空的记录。

3.4.3.2　AND、OR 多条件查询

使用 SELECT 查询时，可以增加查询的限制条件，这样可以使查询结果更加精确。PostgreSQL 允许在 WHERE 子句中使用 AND 操作符，那么只有符合所有条件的记录才会被返回。

例如：查询员工表中，工资大于 6000 元的女性员工的信息。SQL 语句如下：

```
select *
from employee
where gender = 'f' and salary >6000;
```

与 AND 相反，在 WHERE 声明中使用 OR 操作符，表示记录只需要满足其中一项条件即可返回。OR 也可以连接两个或者多个查询条件，多个条件表达式之间用 OR 分开。

例如：查询员工编号 id＝101 或者 id＝102 的员工的姓名和职位。SQL 语句如下：

```
select name, job
from employee where id = '101' or id = '102';
```

📋 练习

根据 dept 部门表和 employee 员工表，练习以下问题。

问题 1：查询员工表中，在 4 号部门的男性员工的姓名和工资。

问题 2：IN 关键字和 OR 关键字的功能是否相同，可否互换使用？

问题 3：查询员工表中工资大于 10000 元，并且入职日期在 2021 年以后的员工姓名、工资和入职日期。

问题 4：在部门表中查询部门编号为 3 和 4 的部门经理和部门电话。

问题 5：AND 和 OR 能否同时使用？如果可以，应该注意什么？

3.4.3.3　查询结果排序

从前面的查询结果可以看出，有些字段的值是没有任何顺序的，可以在 SELECT 语句

中使用 ORDER BY 关键字对查询结果进行排序，如图 3-4 所示。注意，如果不指定排序方式，默认情况下，字母按升序（从 A 到 Z）、数字也按升序进行排序。如果想对查询结果进行降序排序，需要通过关键字 DESC 来实现。

图 3-4　排序方式

例如：员工表默认是以员工编号排序，若想查询员工表中的员工编号及姓名，并对姓名进行排序，SQL 语句如下：

```
select id,name
from employee
order by name;
```

若查询员工表中的员工姓名及工资，并对工资按降序方式排序。SQL 语句如下：

```
select name, salary
from employee order by salary desc;
```

练习

根据 dept 部门表和 employee 员工表，练习以下问题。

问题 1：查询员工表，先按员工姓名升序，再按员工入职日期降序排序。

问题 2：查询部门表，按部门名称降序排序。

问题 3：查询员工表，按员工编号升序排序。

3.4.3.4　LIMIT 关键字查询

SELECT 查询将返回所有匹配的行，如果仅仅需要返回第一行或者前几行，使用 LIMIT 关键字限制查询数量，基本语法格式如下：

```
select *
from 表名 limit 行数 [offset 位置偏移量];
```

例如：查询员工表前四行的员工信息。SQL 语句如下：

```
select * from employee limit 4;
```

练习

根据 dept 部门表和 employee 员工表，练习以下问题。

问题 1：查询员工表中 3~6 行的员工信息。

问题 2：查询部门表中前 5 行的信息。

问题 3：在部门表中，使用 limit 子句，返回从第 5 个记录开始的，行数长度为 3 的记录。

3.4.4　聚合函数查询

通常情况下，人们对单个记录数据并不感兴趣，而对基于所有记录数据的统计数据更感兴趣或者是获取其中某一个感兴趣的值。这种情况下就可以使用聚合函数，即对一组值进行计算，最后得到一个返回值。使用聚合函数查询的基本语法形式如下：

```
select  function（ * /列名）
from 表名
where 行选择条件；
```

PostgreSQL 支持的聚合函数有 5 种，如图 3-5 所示。

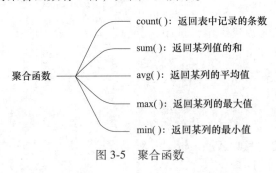

聚合函数
- count( )：返回表中记录的条数
- sum( )：返回某列值的和
- avg( )：返回某列的平均值
- max( )：返回某列的最大值
- min( )：返回某列的最小值

图 3-5 聚合函数

例如：想知道公司员工总共有多少人，可以用 COUNT（ ）聚合函数进行统计。SQL 语句如下：

```
select count( id)
from employee；
```

想知道公司所有员工的平均工资，可以用 AVERAGE（ ）聚合函数进行查询。SQL 语句如下：

```
select avg( salary)
from employee；
```

习惯上，在使用聚合函数时，通常会搭配 GROUP BY 语句使用，以便于将结果按某一个字段进行分组。

例如：将员工表中的记录按照部门编号字段进行分组，并统计每个部门员工的数量。SQL 语句如下：

```
select id, count( * )
from employee group by id；
```

✓ 练习

根据 dept 部门表和 employee 员工表，练习以下问题。

问题 1：查询员工表中，工资最高的员工的工资。

问题 2：查询员工表中，入职最早的员工的入职日期。

问题 3：查询员工表中，这个月应发工资的总数。

问题 4：基于每个部门进行分组，并统计每个部门的平均工资。

3.4.5　多表连接查询

连接是关系数据库模型的主要特点，主要包括内连接和外连接，通过 JOIN 子句，基于这些表之间的某些共同字段，将两个或多个表的行结合起来。在 PostgreSQL 中，JOIN 有 5 种连接类型，如图 3-6 所示。

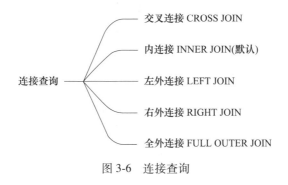

图 3-6　连接查询

3.4.5.1　交叉连接

交叉连接（CROSS JOIN）把第一个表的每一行与第二个表的每一行进行匹配。如果两个输入表分别有 x 和 y 行，则结果表有 x * y 行。由于交叉连接（CROSS JOIN）有可能产生非常大的表，因此使用时必须谨慎，只在适当的时候使用它们。

CROSS JOIN 的基础语法如下：

```
select * from table1  cross join table2
```

为了方便演示每个连接之间的不同，假设有表 3-3、表 3-4 两个表。

表 3-3　table1

Id（int）	Name（char）
1	张三
2	李四
3	王五

表 3-4　table2

Id（int）	Age（int）
1	17
2	23
3	27

对 table1 和 table2 进行交叉连接，得到的查询结果如图 3-7 所示。

3.4.5.2　内连接

内连接（INNER JOIN）根据连接谓词结合两个表（table1 和 table2）的列值来创建一个新的结果表。查询会把 table1 中的每一行与 table2 中的每一行进行比较，找到所有满足连接谓词的行的匹配对。内连接（INNER JOIN）是最常见的连接类型，是默认的连接类型。

```
select * from table1 cross join table2;
```

数据输出 消息 通知

	id integer	name character varying	id integer	age integer
1	1	张三	1	17
2	2	李四	1	17
3	3	王五	1	17
4	1	张三	2	23
5	2	李四	2	23
6	3	王五	2	23
7	1	张三	3	27
8	2	李四	3	27
9	3	王五	3	27

图 3-7　交叉连接查询结果

内连接（INNER JOIN）的基础语法如下：

```
select table1. column1, table2. column2...
from table1
inner join table2
on table1. common_filed = table2. common_field;
```

对 table1 和 table2 进行内连接查询，结果如图 3-8 所示。

```
select * from table1 inner join table2 on table1.id= table2.id;
```

数据输出 消息 通知

	id integer	name character varying	id integer	age integer
1	1	张三	1	17
2	2	李四	2	23
3	3	王五	3	27

图 3-8　内连接查询

3.4.5.3　左外连接

外部连接是内部连接的扩展。SQL 标准定义了 3 种类型的外部连接，即 LEFT、RIGHT 和 FULL。对于左外连接，首先执行一个内连接。然后，即使在右表（table2）中没有匹配的行，LEFT JOIN 关键字也会从左表（table1）那里返回所有的行。

左外连接（ LEFT OUTER JOIN ）的基础语法如下：

```
select... from table1 left outer join table2 on conditional_expression
```

例如：对 table1 和 table2 进行左外连接查询，结果如图 3-9 所示。

```
32 select * from table1 left join table2 on table1.id= table2.id;
```

数据输出 消息 通知

	id integer	name character varying	id integer	age integer
1	1	张三	1	17
2	2	李四	2	23
3	3	王五	3	27

图 3-9 左外连接查询

3.4.5.4 右外连接

首先，执行内部连接。然后，即使在左表（table1）中没有匹配的行，RIGHT JOIN 关键字也会在右表（table2）那里返回所有的行。

右外连接（RIGHT OUT JOIN）的基本语法如下：

```
select... from table1 right outer join table2 on conditional_expression
```

例如：对 table1 和 table2 进行右外连接查询，结果如图 3-10 所示。

```
33 select * from table1 right join table2 on table1.id= table2.id;
```

数据输出 消息 通知

	id integer	name character varying	id integer	age integer
1	1	张三	1	17
2	2	李四	2	23
3	3	王五	3	27

图 3-10 右外连接查询

3.4.5.5 全外连接

首先，执行内部连接。然后，只要其中某个表存在匹配，FULL JOIN 关键字就会返回行。

外连接的基本语法如下：

```
select... from table1 full outer join table2 on conditional_expression
```

例如：对 table1 和 table2 进行全外连接查询，结果如图 3-11 所示。

图 3-11　全外连接查询

📋 练习

问题：观察 INNER JOIN 、LEFT JOIN、RIGHT JOIN 的区别。

3.4.6　子查询

子查询又称为内部查询、嵌套查询，指的是在 PostgreSQL 查询中的 WHERE 子句中嵌入查询语句。一个 SELECT 语句的查询结果能够作为另一个语句的输入值。子查询可以与 SELECT、INSERT、UPDATE 和 DELETE 语句一起使用，并可使用运算符如 = 、<、>、>= 、<= 、IN、BETWEEN 等。

注意，以下是子查询必须遵循的几个规则：

（1）子查询必须用括号括起来；

（2）子查询在 SELECT 子句中只能有一个列，除非在主查询中有多列，与子查询的所选列进行比较；

（3）虽然 ORDER BY 可以用在主查询中，但 ORDER BY 不能用在子查询中，子查询中可以使用 GROUP BY，功能与 ORDER BY 相同；

（4）子查询返回多于一行，只能与多值运算符一起使用，如 IN 运算符；

（5）BETWEEN 运算符不能与子查询一起使用，但是可以在子查询内使用。

例如：查询员工部门表中部门名称为"开发部"的部门编号，如果存在，则查询员工表中的记录。SQL 语句如下：

```
select *
from employee
where exists
（select id from dept where name='开发部'）;
```

执行过程是首先验证子查询，如果至少返回一行记录，EXISTS 表达式返回 TRUE，外层查询接受 TRUE 之后根据查询条件对员工表进行查询，返回所有满足的记录。

NOT EXISTS 与 EXISTS 使用方法相同，只有当子查询没有返回任何行时，NOT EXISTS 的返回结果才为 TRUE，此时外层语句才进行查询。

例如：查询员工部门表中部门名称为"开发部"的部门编号，并根据部门编号查询员工表中的信息，SQL 语句如下：

```
select *
from employee
where dept_no in
( select id from dept where name = '开发部' );
```

执行结果如图 3-12 所示。

	e_no [PK] integer	e_name character varying (30)	e_gender character (2)	dept_no integer	e_job character varying (50)	e_salary numeric (9,2)	e_heirdate date
1	100	张军	m	1	开发工程师	8000.00	2021-03-03
2	101	张玉	f	1	开发工程师	9000.00	2021-01-03
3	102	王琦	m	1	开发经理	10000.00	2021-04-07

图 3-12 子查询结果

IN 关键字进行子查询时，内层查询仅仅返回一个数据列，这个数据列里的值将提供给外层查询语句进行比较操作。

练习

根据 dept 部门表和 employee 员工表，练习以下问题。

问题 1：返回员工表所有部门编号列，查询员工表部门编号 dept_id 大于 2 的部门 id 和部门名，并按部门编号递减排列。

问题 2：查询部门表中部门地址在"北京市海淀区"的部门编号，并根据部门编号查询员工的姓名和性别（提示：用 IN 关键字查询）。

问题 3：查询部门表中"人事部"的部门编号，并根据部门编号查询在这个部门的员工的信息。

问题 4：查询部门表中是否存在部门编号为 3 的部门，如果存在，则查询员工表中员工工资大于 10000 元的员工信息。

3.5 存储过程和事件

3.5.1 存储过程

PostgreSQL 函数也称为 PostgreSQL 存储过程，是存储在数据库服务器上并可以使用 SQL 界面调用的一组 SQL 和过程语句（声明、分配、循环、控制流程等）。

存储过程语法如下：

```
create [ or replace ] function function_name ( arguments )
returns return_datatype as $ variable_name $
  declare
    declaration;
```

```
    [...]
  begin
    < function_body >
    [...]
    return { variable_name | value }
  end;
$ variable_name $
language plpgsql;
```

参数说明：

（1）function_name，指定函数的名称；

（2）［or replace］，是可选的，它允许修改/替换现有函数；

（3）declare，定义参数（参数名写在前面，类型写在后面）；

（4）begin-end，在 BEGIN 和 END 中间写方法主体；

（5）return，指定要从函数返回的数据类型，既可以是基础、复合或域类型，也可以是引用表列的类型；

（6）language，指定实现该函数的语言的名称。

例如：创建一个输出"hello world"字符串的函数，每次调用时就输出"hello world"。SQL 语句如下：

```
create or replace function output( )
returns character varying as $ $
  select  'hello world'
  $ $
  language plpgsql;
  select output( );
```

又如：根据已经创建的 dept 部门表和 employee 员工表，写一个函数，对于 employee 表要求能够通过员工编号查询到员工的姓名，参数为员工编号。SQL 语句如下：

```
create or replace function fun_emp( v_id in varchar )
return svarchar as $ $
begin
select name into v_id from employee
where id = v_id;
return v_name;
end; $ $
language plpgsql;
```

3.5.2　事件

触发器是一种由事件自动触发执行的特殊存储过程，这些事件可以是对一个表进行 INSERT、UPDATE、DELETE 等操作。触发器经常用于加强数据的完整性约束和业务规则上的约束等。触发对象是与表有关的命名数据库对象，当表上出现特定的事件时，将激活该对象。

创建触发器的语法如下：

```
create   trigger   触发器名   ［before｜after｜instead of］   触发事件
on 表名
[
-- 触发器逻辑...
];
```

在这里，触发事件可以是在所提到的表的表名上的 INSERT、DELETE 和 UPDATE 数据库操作。可以在表名后选择指定 for each row。

创建触发器时，首先为触发器建一个执行函数，此函数的返回类型为触发器类型 trigger，然后即可创建相应的触发器。

例如：创建一个触发器函数，检查员工工资小于 10000 元。SQL 语句如下：

```
create function test( ) returns trigger as $ test $
begin
if new. salary<10000 then
raise exception '员工工资低于 10000';
end if;
return new;
end;
$ test $
language plpgsql;
```

创建触发器，SQL 语句如下：

```
create trigger test before insert
on employee for each row execute procedure test( );
```

下面检验触发器是否创建成功，插入数据：

```
insert into employee (id, name, gender, salary) values (112, '张明阳', '男', '8000' );
```

执行上述语句会抛出异常"员工工资低于 10000 元"。

再如：当删除员工表（employee）中的一条记录时，把这个员工在部门表（dept）中的记录也删除掉，这时就可以使用触发器。

先建触发器的执行函数：

```
create function employee_delete_trigger_fun( )
returns trigger as $ $
begin
    delete from dept where id = old. dept_id;
    return old;
end;
$ $
language plpgsql;
```

再创建这个触发器：

```
create trigger delete_employee_trigger after delete
on employee for each row execute procedure employee_delete_trigger_fun( );
```

3.5.3 总结

存储过程优势如下：

（1）减少应用和数据库服务器之间的网络传输。所有 SQL 语句被包装在一个过程中，应用程序仅仅发送一个函数调用命令即可得到执行结果，而不需要发送多次 SQL 语句，等待每次调用结果。

（2）提升应用性能。这是因为自定义函数或过程是在 PostgreSQL 数据库服务器中是预编译的。

（3）在多个应用中可以重用。一个函数一旦被开发出来，就可以在任何应用中重复使用。

存储过程劣势如下：

（1）开发效率不高。这是因为存储过程编程需要特定技能，很多开发者没有掌握。

（2）代码版本难以管理，调试不方便。

（3）对其他数据库系统过程或函数程序不兼容，如 Mysql、SQL server 等。

根据存储过程的优势和劣势可以知道，数据库在实际使用时，存储过程在需要多次查询和操作单个函数的场景中使用很方便，但如果想在多个应用中重复使用，就需要开发一个函数，把常用的功能和操作封装起来，可以再重复使用，使得查询更加简捷。

📋 练习

根据已经创建的 dept 部门表和 employee 员工表，练习以下问题。

问题 1：创建 INSERT 事件触发器，在向员工表中插入数据之前，检查插入的员工编号（dept_no）字段不为空。

问题 2：创建 DELETE 事件触发器，删除员工表中的一条数据，打印被删除的数据。

问题 3：用函数查询入职最晚的员工的姓名和编号。

4 矢量数据 SQL 语句操作

导 语

2020 年年初，全世界爆发了新冠疫情，与这场疫情防控工作密不可分的是空间位置信息的应用。空间位置信息技术的应用，能够对疫情进行轨迹回溯，发现密切接触者，为疫情的防控和决策提供重要的支持和依据。凭借自信自强、守正创新的精神，我国有效地控制住了疫情的蔓延。守正创新不仅仅是一种理念，更是提升个人能力的重要途径。首先，守正意味着坚守正确的学习方法和基本原则。通过守正，建立扎实的基础知识和全面的知识体系，为学习和发展打下坚实的基础。其次，创新是在守正的基础上，不断寻找新的学习方式和解决问题的方法。通过创新，培养独立思考的能力和创造性的思维，为我们在面对各种挑战和问题时提供更加灵活和高效的解决方案。在数据库领域，优化数据库结构和加强数据安全是守正创新的重要方面。通过优化数据库结构，能够提高数据库的性能和效率，使数据的存储和检索更加高效和准确。同时，加强数据安全意味着保护数据库中的敏感信息，防止数据泄露和滥用，确保数据资源的安全有效利用。

4.1 几何图形 SQL 操作

4.1.1 几何类型

4.1.1.1 简单几何

A 点

一个空间点代表地球上的单个位置（含坐标），Postgres 中不仅可以定义二维的坐标点，而且还可以定义三维或四维的坐标点。当精确的细节（如形状和大小）在目标范围内不重要时，点用于表示对象。例如：世界地图上每个国家的首都可以用点表示。

例如：

```
select ST_Point(110.322879, 25.286816);
```

这样就可以得到一个坐标为 （110.322879 25.286816） 的点，注意 ST-Point 的默认坐标系为地理坐标。

B 线

线（Linestring）是表示两个或多个位置之间的路径，它是由两个或多个点组成的有序序列。常见的线串类型的数据有道路、河流等。

例如：

```
select ST_MakeLine(ST_Point(1, 1), (2 2));
```

这样就可以获得一条只有两个点的线串。

C 多边形

多边形可以看成是一个起点与终点重合（封闭）的线串环，此外，还可以向多边形的内部镶嵌一个或多个孔洞（内部环）。

例如：

```
select ST_GeomFromText('POLYGON((0 0, 1 0, 1 1, 0 1, 0 0))');
```

后续的章节中会详细介绍如何通过函数构造点、线、面几何图形。

4.1.1.2 几何集合

A 点的集合（MultiPoint）

多点是点的集合，为了在 WKT 语法（在后续的章节中会介绍到）中表示多点，使用逗号分割每个坐标值。例如，一个简单的多点集合可表示为 MULTIPOINT（1 1, 2 2, 3 3）；具有 X、Y、Z 和 M 的 3D-M 多点可表示为 MULTIPOINT（1 1 1 1, 2 2 2 2, 3 3 3 3）；由 X、Y、Z 组成的常见 3D 多点可表示为 MULTIPOINT（1 1 1, 2 2 2, 3 3 3）；对于由 X、Y、M 组成的多点，可以使用 MULTIPOINTM 将其与 X、Y、Z 组成的多点区分开来：MULTIPOINTM（1 1 1, 2 2 2, 3 3 3）。

需要注意的是，创建出来的结果并不是相互独立的三个点，而是一个拥有三个点的图形，之后的多线串、多边形也是同样的道理。

B 线串的集合（MultiLineString）

多线串是线串的集合，如图 4-1 所示。例如，由 X、Y 组成的 2D 多线串可表示为 MULTILINESTRING((1 1, 2 2, 2 3), (3 5, 4 6, 7 7))；X、Y、Z、M 组成的 3D-M 多线串可表示为 MULTILINESTRING((1 1 4 3, 2 2 4 8, 2 6 2 3), (4 4 3 5, 4 6 4 6, 5 1 7 7))；X、Y、M 组成的多线串可表示为 MULTIINESTRINGM((1 1 4, 2 2 4, 2 6 2), (4 4 3, 4 6 6, 5 7 7))。

C 多边形的集合（MultiPolygon）

在使用 WKT 创建 MultiPolygon 时一定要区别于 Polygon，这两者一不小心就会混淆。多边形的集合如图 4-2 所示。其表示范例如下：

MULTIPOLYGON(((2.25 0, 1.25 1, 1.25 −1, 2.25 0)), ((1 −1, 1 1, 0 0, 1 −1)))

 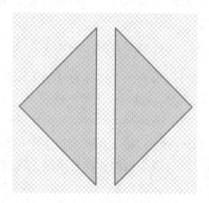

图 4-1 线串的集合   图 4-2 多边形的集合

D 几何图形集合 (GeometryCollection)

几保图形集合是由任意几何图形（包括其他几何图形集合）组成的异构集合，一个几何图形集合里可以包含多种不同类型的几何图形。例如：GEOMERTYCOLLECTION (POINT (2 3)，LINESTRING (2 3，3 4))，在这个几何图形集合中就包含了点类型和线串类型。

用于处理集合的一些常用的特定空间函数有：

（1）ST_NumGeometries (geometry)，返回集合组成部分的数量；

（2）ST_GeometryN (geometry，n)，返回集合中指定的组成部分；

（3）ST_Area (geometry)，返回集合中所有多边形组成部分的总面积；

（4）ST_Length (geometry)，返回所有线段组成部分的总长度。

4.1.1.3 元数据表

元数据就是管理数据的数据，它记录了数据库的数据是如何定义、如何组织等。PostGIS 中提供了两张 OGC 元数据表：spatial_ref_sys 和 geometry_columns。spatial_ref_sys 表定义了数据的所有空间参考系统，如常用的 WGS84 坐标系代号为 4326。geometry_columns 表（见图 4-3）定义了具有几何属性的对象以及具体的特征。可以通过查询这两个表来分析其存储的数据，如查询 geometry_columns 表，语法如下：

```
select * from geometry_columns;
```

sdb_course/postgres@PostgreSQL 10

Query Editor　Query History

```
1  SELECT * FROM geometry_columns;
```

Data Output　Explain　Messages

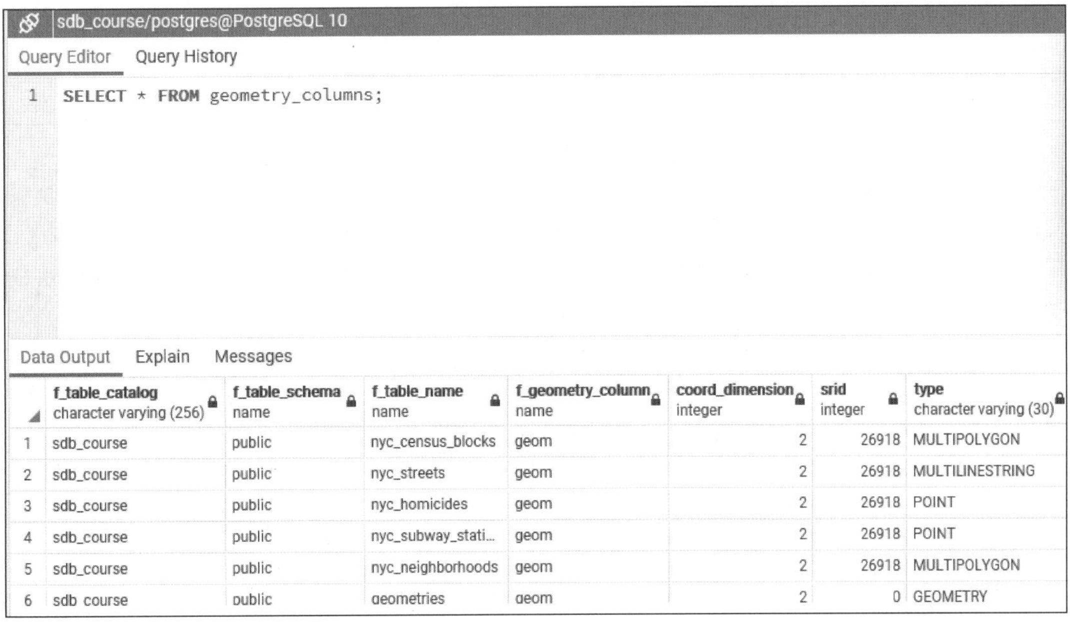

	f_table_catalog character varying (256)	f_table_schema name	f_table_name name	f_geometry_column name	coord_dimension integer	srid integer	type character varying (30)
1	sdb_course	public	nyc_census_blocks	geom	2	26918	MULTIPOLYGON
2	sdb_course	public	nyc_streets	geom	2	26918	MULTILINESTRING
3	sdb_course	public	nyc_homicides	geom	2	26918	POINT
4	sdb_course	public	nyc_subway_stati...	geom	2	26918	POINT
5	sdb_course	public	nyc_neighborhoods	geom	2	26918	MULTIPOLYGON
6	sdb_course	public	geometries	geom	2	0	GEOMETRY

图 4-3 geometry_columns 表

图 4-3 中：

t_table_catalog、f_table_schema、t_table_name 显示的是各个几何图形的数据库名称、架构名、空间数据表名。

f_geometry_column 定义的是含有空间特征的表中的几何数据类型列。

coord_dimension 定义了几何图形的空间维度属性。

srid 引用了 spatial_ref_sys 表的空间参考标识符。

tyle 定义了几何图形对象的类型。

此外，PostGIS 支持对象表方式，可以通过 WKT 和 WKB 等格式直接创建几何图形，相关内容在4.1.2节中详细介绍。

4.1.2　几何函数

4.1.2.1　输入函数

之前的章节中已经介绍了通过简单构造函数创建几何图形，现在介绍通过文本的形式创建简单的几何图形。

（1）WKT 和 WKB。通俗来说，WKT 和 WKB 是一种 OGC 标准。WKT 用于将几何表示为文本，见表4-1、表4-2；WKB 用于二进制表示几何，见表4-3。WKB 是 WKT 的二进制模式，WKT 和 WKB 都用于处理二维数据。常用的 WKT 有 ST_GeomFromText，WKB 有 ST_GeomFromWKB。其中，ST-GeomFromText 的语法格式如下：

```
ST_GeomFromText( text WKT, integer SRID)
```

表4-1　WKT 参数说明

参数名称	参数类型	含　义
WKT	text	包含几何图形有关的描述
SRID	integer	空间参考标识符
返回值	gometry	返回几何图形

例如，通过 ST_GeomFromText 函数，建立一个坐标为（5 5）的坐标点，其语句为：

```
select ST_GeomFromText( 'point( 5 5)');
```

同理，可以通过 WKT 方法建立线串、多边形或其他几何集合类型的图形，其语法格式如下：

```
ST_GeomFromWKB( bytea geom, integer SRID)
```

表4-2　WKB 法创建几何的函数说明

参数名称	参数类型	含　义
Geom	bytea	包含几何图形有关的描述
SRID	integer	空间参考标识符
返回值	geometry	返回几何图形

注意：当不填写 SRID 部分时，返回的将会是一个没有定义空间参考系几何图形。

（2）EWKT 和 EWKB。OGC SFA 1.2.1 规范并不包含 SRID 值，因此，PostGIS 定义了扩展的 EWKB 和 EWKT 格式。EWKB 和 EWKT 相比 WKT 和 WKB 格式主要的扩展有 3DZ、3DM、4D 等，用于处理多维数据。常用的 EWKT 有 ST_GeomFromEWKT，其语法格式如下：

ST_GeomFromEWKT(text EKWT)

以下是一些例子：

X、Y、Z 坐标：POINT(6 6 6)

X、Y、M 坐标：POINTM(6 6 6 6)

X、Y、Z、M 坐标：POINT(6 6 6 6)

多线串 M 坐标：MULTIINESTRINGM((1 1 4，2 2 4，2 6 2)，(4 4 3，4 6 6，5 7 7))

TIN 格式：TIN((0 0 0，0 0 1，0 1 0，0 0 0)，(0 0 0，0 1 0，1 1 0，0 0 0))

EWKT 的参数说明见表 4-3。

表 4-3　EWKT 参数说明

参数名称	参数类型	含　义
EWKT	text	包含几何图形有关的描述
返回值	geometry	返回几何图形

除此之外，POSTGIS 还提供了其他的构造函数，如 ST_GeomFromGML、ST_GeomFromGeoJSON 等。

4.1.2.2　几何构造

常见的构造函数有两种方式：一种是使用函数格式获取原始数据进行几何构造；另一种是对现有的几何图形进行分解、拼接等操作以形成新的几何图形。

A　构造点——ST_Point

通过给定的 X 和 Y 坐标，创建点，说明见表 4-4，语法格式如下：

ST_Point(float x，float y)

表 4-4　ST_Point 函数

参数名称	参数类型	含　义
X/Y	float	X/Y 坐标
返回值	geometry	返回点

例如，通过 ST_Point 函数建立一个坐标为（116.3616176 39.997741）的点，其语句如下：

select ST_Point(116.3616176，39.997741)

对于点图形，常用的空间函数有：

（1）ST_X（geometry），返回 X 坐标；

（2）ST_Y（geometry），返回 Y 坐标。

例如：把刚刚创建的点存储在表 geometries 中，现在从此表中获取这个点的 X、Y 坐标，语句如下：

```
select ST_X( geom)，ST_Y( geom)
from geometries
where name = 'Point';
```

得到结果如图 4-4 所示。

st_x double precision 🔒	st_y double precision 🔒
1	116.316176	39.997741

图 4-4　构造点结果

📋 **练习**

问题 1：以 point 的形式创建桂林理工大学（110.322879，25.286816）。

问题 2：获取已知点南宁的地理坐标（X，Y）。

B　构造线——ST_MakeLine

类似地，同样可以通过 ST_MakeLine 方法创建点、多点等几何图形的线串，说明见表 4-5，语法格式如下：

```
ST_MakeLine(geometry geom1,geometry geom2)
ST_MakeLine(geometry[] geoms_array)
```

表 4-5　ST_MakeLine 函数

参数名称	参数类型	含　义
geom1/geom2	geometry	几何图形
geoms_array	geometry[]	一组几何图形
返回值	geometry	返回线串

例如：创建一条线串（-14 21，35 26），语句如下：

```
select ST_MakeLine(ST_Point(-14,21),ST_Point(35,26));
```

也可以通过 ST_LineFromMultiPoint 函数，将一个点集合创建成一条线串，如图 4-5 所示，语句如下：

```
select ST_LineFromMultiPoint('multipoint(1 1,2 2,3 3,2 9)');
```

同样，用于处理线串的一些常用特定空间函数有：

（1）ST_Length（geometry），返回线串的长度；

（2）ST_StartPoint（geometry），返回第一个坐标作为点；

（3）ST_EndPoint（geometry），返回最后一个坐标作为点；

（4）ST_NPoints（geometry），返回线串中的坐标数。

📋 **练习**

问题 1：创建一条线串（不少于 3 点）。

问题 2：尝试使用 ST_Length 函数，求问题 1 中创建的线串长度。

图 4-5　创建线串

问题 3：求京广线的长度。

问题 4：求全国铁路总长度。

C 构造多边形——ST_Polygon

ST-Polygon 的说明见表 4-6，语法格式如下：

```
select ST_Polygon( geometry linestring,integer srid);
```

表 4-6 ST_Polygon 函数说明

参数名称	参数类型	含　义
linestring	geometry	线串几何
srid	integer	空间参考标识符
返回值	geometry	返回多边形几何

可以使用 WKT 格式 ST_GeomFromtext 方法构造一个多点的多边形，例如：创建一个多边形（0 0，2 0，2 2，0 2，0 0），SRID 为 4326，其语句如下：

```
select ST_GeomFromText( 'Polygon(( 0 0,2 0,2 2,0 2,0 0))',4326);
```

关于多边形的一些常用特定空间函数包括：

（1）ST_Area（geometry），返回多边形的面积；

（2）ST_NRings（geometry），返回环的数量（通常为 1，其中有更多的是孔）；

（3）ST_ExteriorRing（geometry），以线串的形式返回多边形最外面的环；

（4）ST_InteriorRingN（geometry，n），以线串形式返回指定的内部环；

（5）ST_Perimeter（geometry）：返回所有环的长度。

注意：所有的几何图形都可以通过 WKT、WKB 格式进行构造，而且更加通用；但是相比于 ST_Point 等函数，ST_GeomFromText 需要更长的时间进行创建。

4.1.2.3 输出函数

输出函数是返回某种标准格式的几何表示的函数。

WKT 是最常见的 OGC 标准格式，也是最常用的输出函数之一，作用是以 WKT 的格式返回没有 SRID 的几何图形，其说明见表 4-7，语法格式如下：

```
ST_AsText( geometry geom)
```

表 4-7 WKT 函数说明

参数名称	参数类型	含　义
geom	geometry	几何图形
返回值	text	将几何返回成 WKT 格式

有时为了更直观地知道某一些数据的具体坐标和几何类型，通常会将其转换成更好阅读的格式。例如，为了更直观地看到桂林理工大学的坐标，可以将 sdb_gis_univercity 中，桂林理工大学的 geom 转换成 WKT 格式（ST_AsText），如图 4-6 所示。

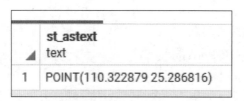

图 4-6　格式转换

对于具有 SRID 的几何图形或者地理几何，可以使用 ST_AsWKT 函数输出，其说明见表 4-8，语法格式如下：

ST_AsWKT(geometry geom／geography geog)

表 4-8　ST_AsWKT 函数说明

参数名称	参数类型	含　义
geom	geometry	几何图形
geog	geography	地理几何
返回值	text	将几何返回成 WKT 格式

WKB 也是 OGC 标准格式之一，以这种格式输出的几何函数如下，其说明见表 4-9。

ST_AsBinary(geometry geom／geography geog)

表 4-9　WKB 函数说明

参数名称	参数类型	含　义
geom	geometry	几何图形
geog	geography	地理几何
返回值	bytea	将几何返回成 WKB 格式

也可以通过 ST_AsEWKB 方法，以二进制 WKB 格式返回具有 SRID 的几何数据，其说明见表 4-10，语法格式如下：

ST_AsEWKB(geometry geom1)

表 4-10　ST_AsEWKB 函数说明

参数名称	参数类型	含　义
geom	geometry	几何图形
返回值	bytea	将几何返回成 WKB 格式

KML 是一种基于 XML 的格式，用于呈现其应用程序，作用是将几何图形以 KML 格式返回，其说明见表 4-11，语法格式如下：

ST_AsKML(geometry geom／ geog, integer maxdecimaldigits, text nprefix)

表 4-11   **KML 函数说明**

参数名称	参数类型	含　义
geom	geometry	几何图形
geog	geography	地理几何
maxdecimaldigits	integer	精准度
nprefix	text	命名空间前缀（默认为空）
返回值	text	将几何返回成 WKT 格式

　　GML 是一种基于 XML 格式和 OGC 定义的传输格式，常用于 Web 要素服务，通过特征集合来表示基本的地理要素，可以通过 ST_AsGML 函数将几何图形以 GML 格式返回，其说明见表 4-12，语法格式如下：

ST_AsGML（geometry geom/geograhpy geog，integer maxdecimaldigits，integer options）

表 4-12   **GML 函数说明**

参数名称	参数类型	含　义
geom	geometry	几何图形
geog	geography	地理几何
maxdecimaldigits	integer	精准度
options	integer	位域
返回值	text	将几何返回成 GML 格式

　　GeoJSON 是一种基于 JavaScript Object Notation 的格式，是一种对各种地理数据结构进行编码的格式，可以通过 ST_AsGeoJSON 函数将几何图形以 GeoJSON 格式返回，其说明见表 4-13，语法格式如下：

ST_AsGeoJSON（geometry geom/geography geog，integer maxdecimaldigits，integer options）

表 4-13   **GEOJSON 函数说明**

参数名称	参数类型	含　义
geom	geometry	几何图形
geog	geography	地理几何
maxdecimaldigits	integer	精准度
options	integer	位域
返回值	text	将几何返回成 GeoJSON 格式

　　SVG 是可缩放矢量图形，可以通过 ST_AsSVG 函数将几何图形以 SVG 路径数据格式返回，其说明见表 4-14，语法格式如下：

ST_AsSVG（geometry geom/geography geog，integer rel，integer maxdecimaldigits）

表 4-14   SVG 函数说明

参数名称	参数类型	含 义
geom	geometry	几何图形
geog	geography	地理几何
rel	intger	让参数按照引用传递
返回值	text	将几何返回成 SVG 格式

📋 **练习**

问题：为了便于理解和观察，将 sdb_gis_university 中，北京大学的 geom 转换成 WKT 格式（ST_AsText）。

4.1.2.4   计算功能

下面介绍一些可以用于计算距离、角度、面积的函数。

A   测量面积——ST_Area

在 4.1.1 节中，已经提前通过使用 ST_Area 来计算多边形几何的面积。对于几何图形，SRID 的设置直接影响其面积，所以在使用该函数前，需设置好正确的 SRID；对于地理几何，默认情况下是在椭球体上以平方米为单位确定的，注意，对于 2.5D 曲面，可能会导致输出结果的错误。ST-Area 函数说明见表 4-15，语法格式如下：

```
ST_Area( geometry geom)
ST_Area( geography geog,boolean use_spheroid = ture)
```

表 4-15   ST_Area 函数说明

参数名称	参数类型	含 义
geom	geometry	几何图形
geog	geography	地理几何
use_spheroid	boolean	是否使用回转椭球
返回值	float	返回多边形几何的面积

例如：要查询北京市的面积，可以使用 ST_Area 函数进行，语句如下：

```
select st_area( geom)
from " shengjixingzhengqu_wgs84. shp"
where name = '北京'
```

得到结果如图 4-7 所示。

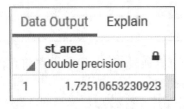

图 4-7   ST_Area 函数结果

B 测量角度——ST_Angel

ST_Angel 的语法格式如下：

ST_Angle(geometry point1,geometry point2,geometry point3...)

对于 3 个点，以顺时针的顺序计算 p1、p2、p3 的角度，说明见表 4-16。

表 4-16 ST_Angel 函数说明

参数名称	参数类型	含 义
geom	geometry	几何图形
line	geometry	几何图形
返回值	float	返回角度

C 测量方位角——ST_Azimuth

ST_Azimuth 的说明见表 4-17，语法格式如下：

ST_Azimuth(geometry pointA/geography pointC,geometry pointB/geography pointD)

表 4-17 ST_Azimuth 函数说明

参数名称	参数类型	含 义
pointA/pointB	geometry	几何图形
pointC/pointD	geography	地理几何
返回值	float	返回方位角

注意：方位角以北方向作为参考，顺时针方向为正。

D 测量距离——ST_Distance

对于几何类型，ST_Distance 是在笛卡儿平面下计算几何对象 geom1 和 geom2 之间的最小距离，单位为投影单位；对于地理几何 ST_Distance 计算的是由 SRID 确定的椭球体两个地理几何之间的距离，单位为米，说明见表 4-18，语法如下：

ST_Distance(geometry geom1,geometry geom2)
ST_Distance(geography geog1,geography geog2, boolean use_spherioid=true)

表 4-18 ST_Distance 函数说明

参数名称	参数类型	含 义
geom1/geom2	geometry	几何图形
geog1/geog2	geography	地理几何
use_spherioid	boolean	是否使用回转椭球
返回值	float	返回距离

例如，想知道桂林理工大学与北京大学之间的直线距离，可编写如下语句，结果如图 4-8 所示。

```
select st_distance( a. geom , b. geom)
from sdb_gis_univercity as a , sdb_gis_univercity as b
where a. name = '桂林理工大学' and b. name = '北京大学'
```

注意：当前单位为 WGS84 下的投影单位，即度分秒；所以，两地直线距离约为 1760 km。

对于三维几何图形，可以通过使用 ST_3Ddistance 方法，计算两个几何图形之间的三维最小笛卡儿距离。

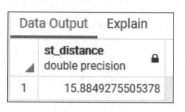

图 4-8　距离结果

E　测量线串长度——ST_Length

通过使用 ST_Length 函数，可以计算二维线串、曲线的长度；对于地理类型，使用的是测地线的方法。ST_Length 函数说明见表 4-19，语法格式如下：

```
ST_Length ( geometry 2DLinestring)
ST_Length( geography geog , boolean use_spherioid = true)
```

表 4-19　ST_Length 函数说明

参数名称	参数类型	含　义
2dLinestring	geometry	二维几何线串
geog	geography	地理几何
use_spherioid	boolean	是否使用回转椭球
返回值	float	返回长度

同样的，PostGIS 也提供了 ST_3Dlength 函数用于计算三维的线串或多线串。

例如：想知道全国的铁轨长度（sdb_railway）及名字并以降序的方式展示出来，就可以使用 ST_Length 函数、聚合函数和 order by 相结合的方式，语句如下：

```
select name , sum( st_length( geom))
from sdb_railway
group by name
order by sum DESC;
```

得到结果如图 4-9 所示。

F　计算周长——ST_Perimeter

PostGIS 不仅可以计算线串的长度，而且还提供了计算几何图形或地理几何的二维长度，说明见表 4-20，语法格式如下：

```
ST_Perimeter ( geometry geom)
ST_Perimeter ( geography geog , boolean use_spherioid = true)
```

图 4-9　铁轨长度结果

表 4-20　ST_Perimeter 函数说明

参数名称	参数类型	含　义
geom	geometry	几何图形
geog	geography	地理几何
use_spherioid	boolean	是否使用回转椭球
返回值	float	返回周长

练习

问题 1：计算乌鲁木齐、拉萨、西宁三个城市点的角度。

问题 2：计算南宁到拉萨的平面距离。

问题 3：计算广西壮族自治区的周长。

问题 4：按升序的方式排列我国各个省（市、自治区）的面积及名字。

问题 5：计算我国相距最远的两座城市的距离，并列出它们的名字。

问题 6：以北京为点 A，广州为点 B，计算 A—B 方位角。

4.1.2.5　几何处理

A　求几何中心——ST_Centroid

ST_Centroid 返回几何图形的几何质心。对于多点，质心是输入坐标的算术平均值；对于多线串，计算的是每个线段的加权长度；对于多边形，质心是根据面积计算得出。ST_Centroid 函数说明见表 4-21，语法格式如下：

ST_Centroid（geometry geom1）

表 4-21　ST_Centroid 函数说明

参数名称	参数类型	含　义
geom	geometry	几何图形
radius	float	缓冲区半径
返回值	geometry	返回半径为 radius 的几何图形

B　缓冲区——ST_Buffer

在 Arcmap 工作中经常建立缓冲区，同样在 PostGIS 中也可以进行缓冲区操作。对于多边形，甚至可以使用负半径的方式使其构建内接多边形。ST_Buffer 说明见表 4-22，语法格式如下：

ST_Buffer（geometry geom，float radius）

表 4-22　ST_Buffer 函数说明

参数名称	参数类型	含　义
geom	geometry	几何图形
radius	float	缓冲区半径
返回值	geometry	返回半径为 radius 的几何图形

C　相交——ST_Intersection

ST_Intersection 返回两个几何图形的相交部分，若不相交，该函数将返回一个空几何图形。ST_Intersection 函数说明见表 4-23，语法格式如下：

ST_Intersection（geometry geom1，geometry geom2）

表 4-23　ST_Intersection 函数说明

参数名称	参数类型	含　义
geom1/geom2	geometry	几何图形
radius	float	缓冲区半径
返回值	geometry	返回半径为 radius 的几何图形

D　合并——ST_Union

输入两个几何图形，ST_Union 将它们合并生成新的没有相交部分的几何。若输入的两个图形没有相交部分，ST_Union 则返回一个多边形类型的几何。ST_Union 说明见表 4-24，语法格式如下：

ST_Union（geometry geom1，geometry geom2）

表 4-24 ST_Union 函数说明

参数名称	参数类型	含　义
geom1/geom2	geometry	几何图形 1/几何图形 2
返回值	geometry	返回半径为 radius 的几何图形

E　凸包——ST_ConvexHull

ST_ConvexHull 函数的说明见表 4-25，语法格式如下：

ST_ConvexHull（geometry geom1）

表 4-25 ST_ConvexHull 函数说明

参数名称	参数类型	含　义
geom1	geometry	几何图形
返回值	geometry	返回几何的凸包

练习

问题 1：以我国行政区划图为数据，求几何中心。

问题 2：将广西壮族自治区和广东省合并为新图形，求新图形的面积。

问题 3：对 sdb_province_capital 表中的"南宁"建立半径为 50 的缓冲区。

4.2　空间关系 SQL 操作

空间关系是指各实体空间的关系，既可以是由空间实体的几何特性（包括空间物体的地理位置与形状）引起的空间关系，如距离、方位等，也可以是由几何特性和非几何特性（包括度量属性如 DEM、坡度、温度值）共同引起的空间关系，如空间自相关、空间相互作用等，还可以是完全由空间实体的非几何属性所导出的空间关系，如由两个城市的人口的比较所产生的大小关系、时间上的先后关系等。

4.2.1　距离关系

4.2.1.1　ST_Dwithin

ST_Dwithin 函数判定两个几何图形任意坐标点是否在给定距离内，结果为真返回 True，结果为假则返回 False。ST_Dwithin 函数不生成缓冲区对象，效率更高，速度更快，其说明见表 4-26，语法格式如下：

```
ST_Dwithin(geometry geom1,geometry geom2,double precision distance_of_srid)
ST_Dwithin(geography geog1, geography geog2,double precision distance_meters,boolean use _spheroid=ture)
```

表 4-26 ST_Dwithin 函数说明

参数名称	参数类型	含　义
geom1/geom2	geometry	几何图形
geog1/geog2	geography	空间几何

参数名称	参数类型	含　义
distance_of_srid	double precision	以空间参考系统定义的单位作为距离单位
distance_meters	double precision	默认单位为米
返回值	boolean	对条件 Dwithin 进行判断

4.2.1.2　ST_DFullywithin

判定两个几何图形的所有坐标点是否都在给定距离内，结果为真返回 True，结果为假则反回 False。ST_DFullywithin 函数说明见表 4-27，语法格式如下：

ST_DFullywithin(geometry geom1,geometry geom2,double precision distance_of_srid)

表 4-27　ST_DFullywithin 函数说明

参数名称	参数类型	含　义
geom1/geom2	geometry	几何图形
distance_of_srid	double precision	以空间参考系统定义的单位作为距离单位
返回值	boolean	对条件 DFullywithin 进行判断

4.2.1.3　ST_3DDWithin

判定两个 3D 几何图形的任意坐标是否在给定距离内，结果为真返回 True，结果为假则返回 False。ST_3DDWithin 函数说明见表 4-28，语法格式如下：

ST_3DDWithin(geometry geom1,geometry geom2,double precision distance_of_srid)

表 4-28　ST_3DDWithin 函数说明

参数名称	参数类型	含　义
geom1/geom2	geometry	3D 几何图形
distance_of_srid	double precision	以空间参考系统定义的单位作为距离单位
返回值	boolean	对条件 3DDWithin 进行判断

4.2.1.4　ST_3DDFullywithin

判定两个 3D 几何图形坐标点是否完全在给定距离内，结果为真返回 True，结果为假则返回 False。ST_3DDFullywithin 函数说明见表 4-29，语法格式如下：

ST_3DDFullywithin(geometry geom1,geometry geom2,double precision distance_of_srid)

表 4-29　ST_3DDFullywithin 函数说明

参数名称	参数类型	含　义
geom1/geom2	geometry	3D 几何图形
distance_of_srid	double precision	以空间参考系统定义的单位作为距离单位
返回值	boolean	对条件 3DDFullywithin 进行判断

4.2.2 拓扑关系

4.2.2.1 ST_Equal

判定两个给定的几何图形空间是否相等，即相同类型和相同 X、Y 坐标值，结果为真返回 True，结果为假则返回 False。ST_Equal 函数说明见表 4-30，语法格式如下：

ST_Equals(geometry geom1, geometry geom2)

表 4-30 ST_Equal 函数说明

参数名称	参数类型	含 义
geom1/geom2	geometry	几何图形
返回值	boolean	返回 Boolean

4.2.2.2 ST_Disjoint

判定两个几何图形在空间上不相交（没有共同点），结果为真返回 True，结果为假则返回 False。ST_Disjoint 函数说明见表 4-31，语法格式如下：

ST_Disjoint(geometry geom1, geometry geom2)

表 4-31 ST_Disjoint 函数说明

参数名称	参数类型	含 义
geom1/geom2	geometry	几何图形
返回值	boolean	返回 Boolean

4.2.2.3 ST_Intersects

判定两个几何/地理几何在 2D 空间是否相交，即如果它们的边界或内部相交，则返回 True，否则返回 False。ST_Intersects 函数说明见表 4-32，语法格式如下：

ST_Intersects(geometry geom1/geography geog1, geometry geom2/geography geog2)

表 4-32 ST_Intersects 函数说明

参数名称	参数类型	含 义
geom1/geom2	geometry	几何图形
geog1/geog2	geography	地理几何
返回值	boolean	返回 Boolean

4.2.2.4 ST_Touches

判定两个几何图形至少有一个共同点，且它们内部不相交，结果为真返回 True，结果为假则返回 False。ST_Touches 函数说明见表 4-33，语法格式如下：

ST_Touches(geometry geom1, geometry geom2)

表 **4-33** **ST_Touches** 函数说明

参数名称	参数类型	含　义
geom1/geom2	geometry	几何图形
返回值	boolean	返回 Boolean

例如，想知道广西壮族自治区与哪些省份陆地上接壤，可以通过 ST_Touches 函数来获取，语句如下：

```
select b. name
from sdb_province as a ,sdb_province as b
where a. name='广西' and st_touches(a. geom,b. geom)
```

得到结果如图 4-10 所示。

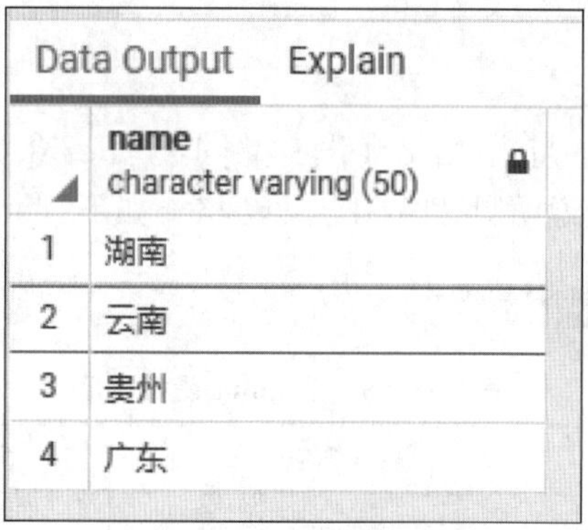

图 4-10　与广西壮族自治区接壤省份查询结果

4.2.2.5 ST_Crosses

判定两个几何图形是否具有一些共同的内部点，结果为真返回 True，结果为假则返回 False。ST_Crosses 函数说明见表 4-34，语法格式如下：

```
ST_Crosses(geometry geom1,geometry geom2)
```

表 **4-34** **ST_Crosses** 函数说明

参数名称	参数类型	含　义
geom1/geom2	geometry	几何图形
返回值	boolean	返回 Boolean

例如，想知道珠江主干流经几个省，可以通过使用 ST_Crosses 函数获取，语句如下：

```
select b. name
from sdb_river as a,sdb_province as b
where a. name='珠江' and st_crosses(a. geom,b. geom)
group by b. name
```

得到结果如图 4-11 所示。

图 4-11　珠江主干流经省份

4.2.2.6　ST_Within

判定几何图形 A 是否完全在几何图形 B 的内部，结果为真返回 True，结果为假则返回 False。ST_Within 函数说明见表 4-35，语法格式如下：

ST_Within(geometry geomA , geometry geomB)

表 4-35　ST_Within 函数说明

参数名称	参数类型	含　义
geomA / geomB	geometry	几何图形
返回值	boolean	返回 Boolean

例如，想知道湖北省有多少所学校开设了 GIS 专业，可以通过 ST_Within 获取，语句如下：

```
select b. name
from sdb_province as a , sdb_gis_univercity as b
where st_within( b. geom , a. geom) and a. name = '湖北'
group by b. name
```

得到结果如图 4-12 所示。

图 4-12　开设 GIS 的大学

4.2.2.7　ST_Contains

判定几何图形 B 是否完全位于几何图形 A 内，结果为真返回 True，结果为假则返回 False。ST_Contains 函数说明见表 4-36，语法格式如下：

ST_Contains（geometry geomA，geometry geomB）

表 4-36　ST_Contains 函数说明

参数名称	参数类型	含　义
geomA/geomB	geometry	几何图形
返回值	boolean	返回 Boolean

ST_Contains 功能与 ST_Within 类似，效果请自行练习。

4.2.2.8　ST_Overlaps

判定两个几何图形是否具有相同的维度，且彼此不完全包含，结果为真返回 True，结果为假则返回 False。ST_Overlaps 函数说明见表 4-37，语法格式如下：

ST_Overlaps（geometry geom1，geometry geom2）

表 4-37　ST_Overlaps 函数说明

参数名称	参数类型	含　义
geom1/geom2	geometry	几何图形
返回值	boolean	返回 Boolean

练习

问题 1：与四川省接壤的省份有哪些？

问题 2：京广铁路穿过的省份有哪些？

问题 3：额尔齐斯河所处的省份及该省份 2019 年 GDP 值是多少？

问题 4：湖北省有多少开设了 GIS 专业的学校？

问题 5：ST_Contains 和 ST_Within 函数有什么异同点？

4.3　空　间　索　引

空间索引是指依据空间对象的位置和形状或空间对象之间的某种空间关系按一定的顺序排列的一种数据结构，其中包含空间对象的概要信息，如对象的标识、外接矩形及指向空间对象实体的指针。空间数据查询即空间索引，是对存储在介质上的数据位置信息的描述，用来提高系统对数据获取的效率，也称为空间访问方法（Spatial Access Method，SAM）。作为一种辅助性的空间数据结构，空间索引介于空间操作算法和空间对象之间。它通过筛选作用，排除大量与特定空间操作无关的空间对象从而提高空间操作的速度和效率。

使用空间索引对空间操作效率的提高也比较明显，例如：连接两个包含 10000 条记录的表（每个表都没有索引），需要进行 100000000 次比较；但如果使用空间索引，则比较次数可能低至 20000 次。

导入 sdb_county 全国县级行政区划 SHP 文件，pgShapeLoader 自动创建名为 sdb_county_ geom_idx 的空间索引，同时也导入全部其他的 SHP 文件。

为了演示空间索引可以提高查询效率，先在没有空间索引的情况下搜索 sdb_ county 表。

首先，删除索引，语法格式如下：

```
DROP INDEX <空间索引名称>;
```

DROP INDEX 语句从数据库系统中删除现有索引。

在 SQL 中输入如下语句：

```
DROP INDEX sdb_county_geom_idx;
```

单击运行，结果如图 4-13 所示。

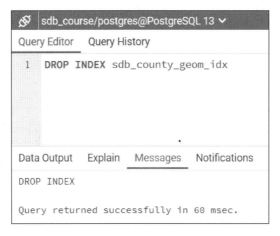

图 4-13　删除 sdb_county 的空间索引

其次，查询将搜索每个单独的县级行政区划（sdb_county），以查找南宁市那个记录，注意查看 pgAdmin 查询窗口右下角的"计时表"并运行图 4-14 中的命令。

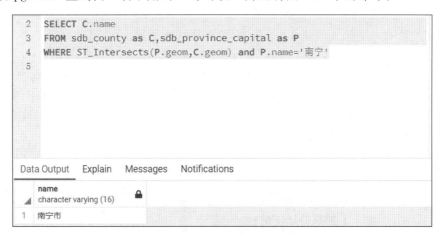

图 4-14　查询南宁省会所在县级行政名录

然后，重新添加索引并再次进行查询，如图 4-15、图 4-16 所示。

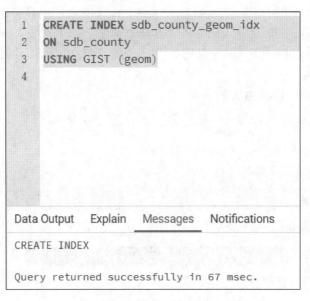

图 4-15　重新添加索引

图 4-16　重新添加索引后进行查询

通过操作发现，删除空间索引进行查询需要 60 ms，而添加空间索引进行查询需要 48 ms，前后差距不大，这是因为 sdb_county 中只有 2390 条记录，即使没有空间索引，查询也非常迅速。但是当数据量非常庞大时，空间索引就能发挥它的优势，提高查询效率，极大缩短查询时间。

4.3.1　空间索引的工作原理

标准数据库索引基于某个列的值创建层次结构树。空间索引略有不同，其不能索引几何要素本身，而是索引几何要素的边界框。

如图 4-17 所示，与星状图形相交的线串数是一条，即 2 号线。但是与星状外边框（4

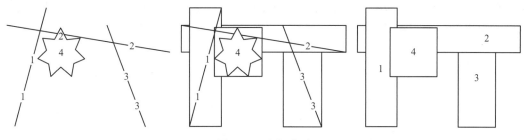

图 4-17　空间索引

号）相交的要素的边界框是两个，即 1 号框和 2 号框。

当在空间数据库中查询"哪些直线与星状图形相交"这一问题的方法是，首先使用空间索引（速度非常快）判断"哪些框与星状外边框相交"，然后仅对第一次返回的几何要素进行"哪些直线与星状图形相交"的精确计算。

对于一个大的数据表来说，这种先评估近似索引、然后再精确测试的"两遍"机制可以从根本上减少计算量，如图 4-18 所示。

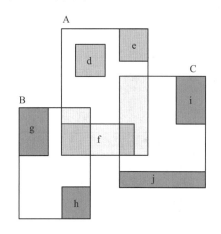

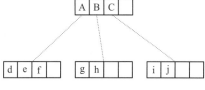

图 4-18　R 树索引

4.3.2　纯索引查询

PostGIS 中最常用的函数（ST_Contains、ST_Intersects、ST_DWithin 等）都包含自动索引过滤器。但有些函数（如 ST_Relate）不包括索引过滤器。

要使用索引执行边界框搜索（即纯索引查询——Index only Query——没有过滤器），需要使用"&&"运算符。对于几何图形，&& 运算符表示边界框重叠或接触（纯索引查询）。例如 geometry_a && geometry_b：如果 A 的边界框与 B 的边界框重叠，则返回 TRUE。

现对长江流经的县总数的纯空间索引查询与更精确的查询进行比较。使用 && 操作符的纯索引查询，如图 4-19 所示。

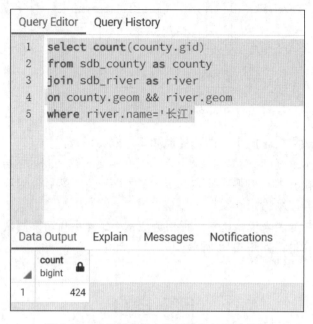

图 4-19　纯空间索引查询长江流经的县总数

然后，使用更精确的 ST_Intersects 函数执行相同的查询，如图 4-20 所示。

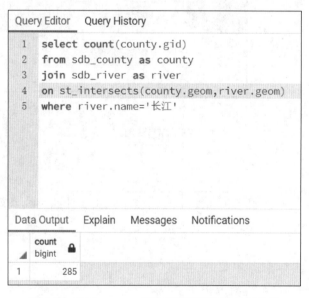

图 4-20　ST_Intersects 函数查询长江流域的县总数

使用更精确的 ST_Intersects 函数查询长江流域的县总数比纯空间索引查询低 139 个。说明纯空间查询是查询县边界框和长江线矢量相交的全部县数据，而用 ST_Intersects 函数查询的是长江线矢量穿过全国县级行政区划面数据的全国数据。

4.3.3 分析

PostgreSQL 查询规划器（query planner）智能地选择何时使用或不使用空间索引来计算查询。与直觉相反，执行空间索引搜索并不总是更快：如果搜索将返回表中的每条记录，则遍历索引树获取每条记录实际上比从一开始线性读取整个表要慢。

为了弄清楚要处理的数据的大概内容（读取表的一小部分信息，而不是读取表的大部分信息），PostgreSQL 保存每个索引列中数据分布的统计信息。默认情况下，PostgreSQL 定期收集统计信息。但是，如果是在短时间内更改了表的构成，则统计数据不会是最新的。

为确保统计信息与表内容匹配，明智的做法是在表中加载和删除大容量数据后运行 ANALYZE 命令。这将强制统计系统收集所有索引列的统计信息。

ANALYZE 命令要求 PostgreSQL 遍历该表并更新用于查询操作而估算的内部统计信息，如图 4-21 所示。

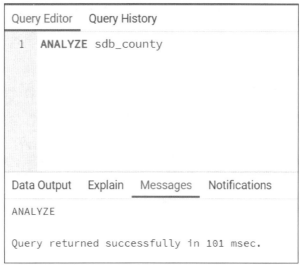

图 4-21　更新索引

4.3.4 清理

值得强调的是，仅仅创建空间索引不足以让 PostgreSQL 有效地使用它。每当创建新索引或对表大量更新、插入或删除后，都必须执行清理（VACUUM）命令。VACUUM 命令要求 PostgreSQL 回收表页面中因记录的更新或删除而留下的任何未使用的空间。

清理对于数据库的高效运行非常关键，因此 PostgreSQL 提供了一个"自动清理（autovacuum）"选项。默认情况下，自动清理机制会根据活动级别确定的合理时间间隔自动清理（恢复空间）和分析（更新统计信息）。虽然自动清理对于高度事务性的数据库是必不可少的功能，但在添加索引或大容量数据之后等待自动清理运行是不明智的。如果执行大批量更新，应该手动运行 VACUUM 命令。

根据需要，可以单独执行清理或分析命令。发出 VACUUM 命令不会更新数据库统计信息；同样，执行 ANALYZE 命令也不会清理未使用的表空间。这两个命令都可以针对整个数据库、单个表或单个列运行，如图 4-22 所示。

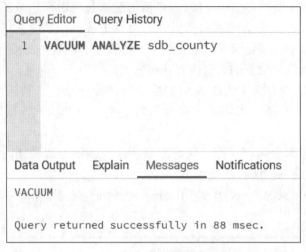

图 4-22　清理索引

练习

根据《"一带一路"建设海上合作设想》中的三条蓝色经济通道所经过的港口，设计包括但不限于港口名称、港口位置、港口所在国家形状（几何面）、港口所在洲（几何面）等的数据库，编写查询语句，完成以下练习：

（1）统计与中国-大洋洲-南太平洋接壤的港口；

（2）统计拥有两个及以上港口的国家；

（3）查询在经度［100°，120°］、纬度［10°，30°］范围内的港口名称和地址；

（4）查询属于大洋洲范围内的港口名称和地址。

5 栅格数据 SQL 语句操作

☰ **导 语**

　　栅格数据通过分层表达不同地表要素信息，其进行相互操作需要具有相同的空间分辨率标准，同时其也可以通过金字塔模型实现不同层级的地表要素展示。我们做人做事也必须脚踏实地，拾级而上，向标准看齐。在知识学习阶段，需要掌握基础的理论知识和概念，就像栅格数据的底层分层一样；在技能学习阶段，需要通过实践和练习掌握具体的技能和方法，就像栅格数据的中间层分层一样；在情感学习阶段，不仅关注知识和技能的应用，还要注重情感态度和价值观的培养，就像栅格数据的顶层分层一样。这意味着学习者在学习过程中要始终保持对科学、诚信、责任等价值观的认同，成为一个有责任感的实践者。

5.1　栅格数据加载

　　空间数据包括空间矢量数据、空间栅格数据，栅格数据对比于矢量数据具有数据结构简单、能够有效表达空间可变性、利于与遥感图形结合分析及处理的特点。前面的章节介绍了矢量类型数据的基本 SQL 操作，本章节将会介绍在 PostgreSQL 中，如何对栅格类型的数据进行管理及一系列函数操作。

　　在 PostGIS 中，创建栅格的方法有多种，如使用函数将几何图形转换为栅格、使用 raster2pgsql 命令行工具加载栅格、使用函数从头开始创建栅格。栅格创建完后，再使用其他栅格函数设置属性等。下面介绍使用 raster2pgsql 加载栅格。

　　PostgrsSQL 提供了 raster2pgsql 工具，方便生成将栅格数据导入空间数据库所需要的 SQL 脚本。

5.1.1　设置输入栅格函数的参数并生成 SQL 脚本

　　使用快捷键 Win+R 打开命令窗口，输入 cmd 调出命令提示符工具；在 PostgreSQL 安装目录找到 raster2pgsql 所在路径，并在命令提示符工具中切换到该路径在 Bin 文件夹下。注意：默认情况下，命令提示符工具初始的文件夹路径为此计算机用户文件夹路径，用户需要手动对文件路径进行修改。

　　若本地计算机的 PostgreSQL 安装路径为 C：\Program Files\PostgreSQL\10\bin，则在命令提示符中输入：

```
cd C:\Program Files\PostgreSQL\13\bin
```

　　修改结果如图 5-1 所示。

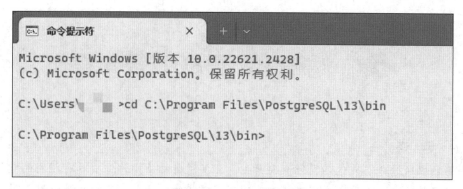

图 5-1　切换至 raster2pgsql 所在文件夹

在命令提示符工具中调用 raster2pgsql. exe。参数的基本格式为：

raster2pgsql -s\<srid> -I -C -M+\<待导入数据路径> -F -t\<title size>+\<输出 SQL 脚本的路径>

将待导入的栅格数据按照以下参数输入：

raster2pgsql -s 4326 -I -C -M E:\sdb\N00E090. tif -F -t 100x100 public. dem>E:\sdb\dem. sql

当提示 Processing 时，说明脚本生成完成，等待导入空间数据库中，如图 5-2 所示。

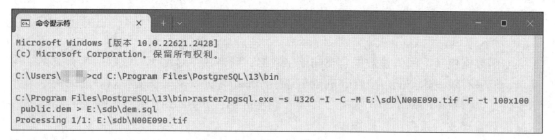

图 5-2　调用 raster2pgsql. exe

5.1.2　运行上一步中生成的 SQL 脚本并导入栅格数据

在命令提示符工具中调用 bin 文件夹下的 psql. exe。参数的基本格式为：

psql -U\<用户名> -d\<数据库名称> -f\<生成的脚本路径>

输入以下参数：

psql -U postgres -d sdb_course -f E:\sdb\dem. sql

5.1.3　输入数据库密码

请注意：在此步中，输入数据库密码时，控制台不会显示，在正确输入密码完毕后直接按回车即可。

导入成功后，可以在空间数据库后台中查看。导入完毕后，结果如图 5-3 所示。

此外，rater2pgsql 支持多种栅格处理参数，命令参数及描述见表 5-1。

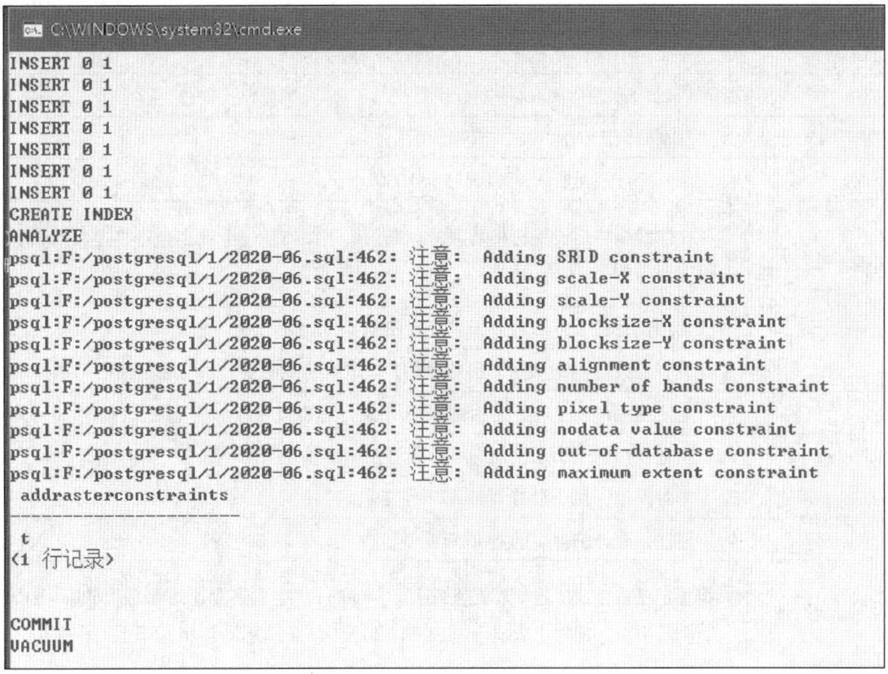

```
C:\WINDOWS\system32\cmd.exe
INSERT 0 1
INSERT 0 1
INSERT 0 1
INSERT 0 1
INSERT 0 1
INSERT 0 1
INSERT 0 1
CREATE INDEX
ANALYZE
psql:F:/postgresql/1/2020-06.sql:462: 注意:  Adding SRID constraint
psql:F:/postgresql/1/2020-06.sql:462: 注意:  Adding scale-X constraint
psql:F:/postgresql/1/2020-06.sql:462: 注意:  Adding scale-Y constraint
psql:F:/postgresql/1/2020-06.sql:462: 注意:  Adding blocksize-X constraint
psql:F:/postgresql/1/2020-06.sql:462: 注意:  Adding blocksize-Y constraint
psql:F:/postgresql/1/2020-06.sql:462: 注意:  Adding alignment constraint
psql:F:/postgresql/1/2020-06.sql:462: 注意:  Adding number of bands constraint
psql:F:/postgresql/1/2020-06.sql:462: 注意:  Adding pixel type constraint
psql:F:/postgresql/1/2020-06.sql:462: 注意:  Adding nodata value constraint
psql:F:/postgresql/1/2020-06.sql:462: 注意:  Adding out-of-database constraint
psql:F:/postgresql/1/2020-06.sql:462: 注意:  Adding maximum extent constraint
 addrasterconstraints
----------------------
 t
(1 行记录)


COMMIT
VACUUM
```

图 5-3 导入成功

表 5-1 命令参数说明

参 数	描 述
-s<srid>	指定空间参考 id，如-s 4326
-b<band>	指定要提取的栅格波段，不设置则写入所有波段，从 1 开始，如要提取多个用逗号隔开，如-b 1，2
-t<title size>	指定栅格切片大小，格式为 WIDTH×HEIGHT.，不设置则不切片，导入后只有一行数据，切片后每一片一行，如-t 256＊256
-P	自动填充瓦片右下角，有些瓦片的有效数据可能达不到-t 指定的大小，因此需要自动补填充，确保所有瓦片具有相同的宽度和高度，只有切片才需要设置，如-P
-R	注册栅格的 db 文件，提供 db 文件的绝对路径
-d	删除表，然后重新创建
-a	追加到当前表中，图层字段必须与表架构完全相同
-c	创建一个新表并填充它，如果不指定任何选项，这是默认值
-p	准备模式，只创建表
-f<column>	指写 raster 列名称，如-f rast
-F	在栅格表中添加列名称字段，列名称默认为 filename，用于存储删除文件名（不包含路径），如-F
-n<column>	-n<column>与-F 参数作用相同，只是允许自定义文件里的列名称，如-n"fname"
-l<overview factor>	创建栅格的覆盖因子，对于超过多个因素用逗号分开，覆盖表名如下模式"o_<overview factor>_<table>"，创建的覆盖因子存储在数据库中，不受-R 参数影响

续表 5-1

参　数	描　　述
-q	PostgreSQL 在 quotes 中的标识符
-I	在栅格列上创建 GIST 空间索引
-M	导入完成后运行 VACUUM ANALYZE
-C	在加载栅格后设置栅格列上的标准约束集，如果一个或多个栅格违反约束，某些约束可能会失败
-x	禁用设置最大范围约束，只有在使用了-C 时才有效
-r	设置约束（空间唯一和覆盖磁贴）以进行常规阻塞，只有在使用了-C 时才有效
-T	指定使用的表空间，索引如未使用-X 标志将使用默认表空间，如-T "tabspace"
-X\<tablespace\>	指定使用的索引表空间，不设置将使用默认表空间，如-X "idxtabspace"
-N\<nodata\>	非数据值，用于没有 NODATA 值的波段
-k	跳过每个栅格波段的 NODATA 值检查
-E\<endian\>	指定栅格生成二进制时是大端（big-endian）生成还是小端生成（little-endian），使用 0 表示 XDR，使用 1 表示 NDR（默认值），目前仅支持 NDR，如-E 1
-V\<version\>	指定输出 WKB 格式的版本，默认是 0，目前仅支持 0，如-V 0
-e	单独执行每个语句，不要使用事务
-Y	使用 COPY 语句而不是插入语句
-G	打印支持的 GDAL 栅格格式
-?	打印帮助

注：d/a/c/p 是互斥选项，只能选择其中之一。

练习

对现有数据 N00E090.tif 进行导入操作。

问题 1：了解 rater2pgsql 各参数的意义，修改-t 参数为 256，修改-s 为 3857，重新执行 N00E090.tif 数据的导入操作。

问题 2：通过使用 raster2pgsql 工具，将本地任一栅格类型数据导入数据库中。导入时需要注意原栅格的 SRID 及像元大小等信息。

5.2　栅　格　函　数

5.2.1　栅格创建

5.2.1.1　从头创建栅格

除了使用 raster2pgsql 工具进行加载栅格之外，在 PostgreSQL 中创建栅格和栅格数据表时，通常选择从头开始创建空栅格（没有波段、没有像元值），然后通过其他栅格函数对像元值进行设置，步骤如下。

（1）新建栅格数据表。

```
CREATE TABLE roi_raster( rid serial primary key, rast raster);
```

（2）向栅格数据表内插入栅格数据。

```
INSERT INTO roi_raster( rid, rast)
VALUES( 1, ST_MakeEmptyRaster( 100,100,0.005,0.005,1,1,0,0,4326));
```

（3）定义波段和像元值。创建空栅格之后，通过函数 ST_AddBand 和 ST_SetValue 分别定义波段和初始像元值。

```
UPDATE roi_raster
SET rast = ST_AddBand( rast,
ARRAY[ ROW( 1,'8BUI'::text, 231,NULL),
    ROW( 2,'8BUI'::text,141,NULL),
        ROW( 3,'8BUI'::text,129,NULL)] ::addbandarg[ ])
WHERE rid = 1;
VALUES( 1,ST_MakeEmptyRaster( 100,100,0.005,0.005,1,1,0,0,4326));
```

（4）创建空间索引。添加完波段与像元值后，需要对栅格表建立一个空间索引。

```
CREATE INDEX
ON roi_raster
USING gist( ST_ConvexHull( rast));
```

可以在 PostgreSQL 中看到创建结果，如图 5-4 所示。

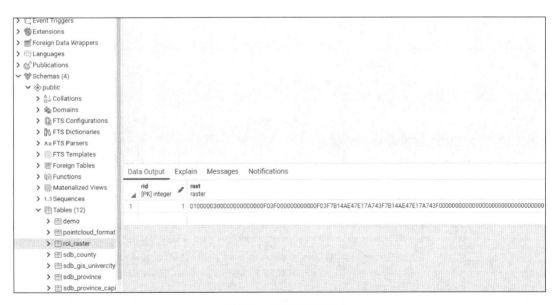

图 5-4　创建空间索引

新建空栅格——ST_MakeEmptyRaster 的函数说明见表 5-2。

表 5-2　ST_MakeEmptyRaster 函数说明

函数原型	ST_MakeEmptyRaster(raster rast) ; ST_MakeEmptyRaster(integer width, integer height, float8 upperleftx, float8 upperlefty, float8 scalex, float8 scaley, float8 skewx, float8 skewy, integer srid = unknown) ; ST_MakeEmptyRaster(integer width, integer height, float8 upperleftx, float8 upperlefty, float8 pixelsize) ;	
参数名称	参数类型	含　义
widtg height	integer	栅格的列数和行数
upperleftx upperlefty	float8	空间坐标系中栅格左上角的 x 坐标 空间坐标系中栅格左上角的 y 坐标
scalex scaley	float8	单个像元的宽度和高度
skewx skewy	float8	旋转角度
srid	interger	空间参考标识符
pixelsize	float8	单个像元的尺寸；当 scalex 和 scaley 相等时，就可以直接使用这个参数设置像元大小
返回值	raster	返回一个空的没有像元值、波段的栅格

例如，对 roi raster 表格创建一个新的空栅格，语句如下：

```
INSERT INTO roi_raster ( rid,rast)-- 插入一个没有像元值的空栅格
VALUES(2,ST_MakeEmptyRaster( 100,100,0.0005,0.0005,1,1,0,0,4326));
```

结果如图 5-5 所示。

rid [PK] integer	upperleftx double precision	upperlefty double precision	width integer	height integer	scalex double precision	scaley double precision	skewx double precision	skewy double precision	srid integer	numbands integer
3	-180.050003051758	80.0474052429199	100	100	0.0999984741210938	-0.0999984741210938	0	0	4236	0

图 5-5　结果

5.2.1.2　从几何图形转换为栅格

将 PostGIS 的几何类型对象转换成 PostGIS 的栅格对象使用 ST_AsRaster 函数，其说明见表 5-3。

表 5-3　ST_AsRaster 函数说明

函数原型	ST_AsRaster (geometry geom, double precision scalex, double precision scaley, double precision gridx = NULL, double precision gridy = NULL, text[ ] pixeltype = ARRAY['8BUI'], double precision[ ] value = ARRAY[1], double precision[ ] nodataval = ARRAY[0], double precision skewx = 0, double precision skewy = 0, boolean touched = false) ;	
参数名称	参数类型	含　义
geom	geometry	gdal 格式栅格数据
scalex scaley	double precision	单个像元的宽度和高度

续表 5-3

参数名称	参数类型	含　义
gridx	double	指定网格尺寸
gridy	precision	
pixeltype＝ARRAY［'8BUI'］	text	指定像素格式
value	double	指定输入的栅格波段
	precision	
nodataval	double	指定空数据的值
	precision	
skewx	double	指定旋转参数
skewy	precision	
返回值	raster	返回栅格数据

例如，将 sdb_course 数据库中的几何点数据 p1 转换为栅格数据，语句如下：

```
SELECT st_asraster(geom,100,100,ARRAY['8BUI'],ARRAY[118])
FROM sdb_roi
where name='p1'
```

结果如图 5-6 所示。

```
Query Editor    Query History
1   select st_asraster(geom,100,100,ARRAY['8BUI'],ARRAY[118])
2   from sdb_roi
3   where name='p1'
4
```

图 5-6　点转栅格结果

5.2.1.3　从 GDAL 格式转换为栅格

GDAL 是一个在 X/MIT 许可协议下的开源栅格空间数据转换库。它利用抽象数据模型来表达所支持的各种文件格式。PostgreSQL 支持从 GDAL 格式的栅格数据创建栅格，使用函数为 ST_FROMGDALRaster，其说明见表 5-4。

表 5-4　ST_FROMGDALRaster 函数说明

函数原型	ST_FROMGDALRaster（bytea gdaldata，integer srid＝NULL）	
参数名称	参数类型	含　义
gdaldata	bytea	gdal 格式栅格数据
srid	integer	空间参考标识符
返回值	raster	返回栅格数据

练习

问题 1：在 sdb_course 数据库下，创建一个新的数据表，尝试创建一个新的栅格表，并通过函数向其添加波段、像元值。

问题 2：从现有的几何数据或根据自己的喜好通过 ST_GeomFrontext 函数构造几何图形，如何将几何图形转为栅格数据？

5.2.2　栅格输出

5.2.2.1　以 PNG 格式输出栅格——ST_AsPNG

函数 ST_AsPNG 将栅格的指定波段以 PNG 格式输出。该函数有多种用法，有许多可选参数，见表 5-5，使用时请根据参数信息挑选使用。

表 5-5　ST_AsPNG 函数说明

函数原型	ST_AsPNG(raster rast,text[ ] options=NULL); ST_AsPNG(raster rast,integer nband,integer compression); ST_AsPNG(raster rast,integer nband,text[ ] options=NULL); ST_AsPNG(raster rast,integer[ ] nbands,integer compression); ST_AsPNG(raster rast,integer[ ] nbands,text[ ] options=NULL);	
参数名称	参数类型	含　义
rast	raster	栅格数据
nband	text	用于单波段输出
nbands	integer	用于多波段导出，波段顺序为 RGBA
compression	integer	设置 PNG 压缩大小。从 1~9，数字越大，压缩越大
options	integer	PNG 定义的 GDAL 选项数组
返回值	png	返回 PNG 格式数据

5.2.2.2　以 WKB 格式输出——ST_AsWKB

以 WKB 格式返回栅格的二进制，其函数说明见表 5-6。

表 5-6　ST_AsWKB 函数说明

函数原型	ST_AsWKB(raster rast,boolean outasin=FALSE);	
参数名称	参数类型	含　义
rast	raster	栅格数据
outasin	boolean	是否输出波段的文件路径
返回值	bytea	返回 GDAL 格式栅格数据

5.2.2.3　使用 PSQL 导出栅格数据

将栅格数据转换为 Large Object 数据格式，对栅格数据进行输出，最后通过 psql 工具进行导出。需要注意：若使用 ST_Asjpeg 函数导出栅格数据，需要原栅格数据的像元必须是 8BUI 类型，若不满足，则选择其他格式输出，如 ST_AsTiff。

（1）创建 Large Object，语句如下：

```
select oid,lowrite(lo_open(oid,131072),jpg) as num_bytes
from
(Values (lo_creat(0),
        st_asjpeg((select rast from roi_raster where rid=1))))
)
as v(oid,jpg);
```

结果如图 5-7 所示。

图 5-7　导出栅格

（2）使用 PSQL 导出文件。打开 cmd 命令符工具，连接 PostgreSQL 数据库，分别输入以下命令。

1）改变文件夹路径：

```
cd C:\Program Files\PostgreSQL\13\bin
```

2）连接数据库，输入密码：

```
psql -U postgres -d sdb_course
```

3）导出数据：

```
\lo_export 34248 D:/output. jpg
```

在相对应的文件夹路径中可以看到该文件，为了方便演示，这里导出的是空栅格数据，如图 5-8 所示。需要注意的是，在导出时输入上一步中生成的 oid，否则会导致得不到想要的数据或出现错误。

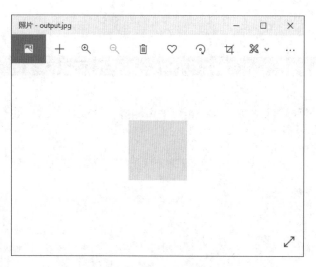

图 5-8　数据导出结果

练习

问题：如何将在上一节练习中创建好的栅格数据，通过 psql 工具导出并展示导出结果（可以以 TIFF 格式导出，结合 ArcMap 进行展示）？

5.2.3　栅格访问器

栅格的访问器分为栅格基本元数据访问器和栅格波段访问器两种。通过访问器，可以获取栅格数据的属性信息，进而可以对栅格数据进行下一步的操作。

5.2.3.1　栅格元数据访问器

A　查询栅格 Value 值——ST_Value

函数 ST_Value 返回输出指定波段和行列号的栅格数据的像元值，其说明见表 5-7。

表 5-7　ST_Value 函数说明

函数原型	ST_Value(raster rast,geometry pt,boolean exclude_nodata_value=true); ST_Value(raster rast,integer band,geometry pt,boolean exclude_nodata_value=true); ST_Value(raster rast,integer x,integer y,boolean exclude_nodata_value=true); ST_Value(raster rast,integer band,integer x,integer y,boolean exclude_nodata_value=true);	
参数名称	参数类型	含　义
rast	raster	栅格数据
pt	geometry	几何数据
band	integer	指定单波段或多波段
x/y	integer	指定波段的行列号，x 为行，y 为列
exclude_nodata_value	boolean	是否排除无像素栅格
返回值	double precision	返回像元值

例如，查询表 demo 中第 1 行第 2 列的像元值，语句如下：

```
select ST_Value(rast,1,2)
from demo;
```

得到结果如图 5-9 所示。

从结果中可以看到，函数在不填写参数 exclude_nodata_value 时，将默认为 true，即忽略 nodata 值。

B　查询栅格属性信息——ST_MetaData

返回栅格对象的基本元数据信息，如像元大小、左上角 x 和 y 坐标、像元高度宽度、SRID 等信息。其说明见表 5-8。

表 5-8　ST_MetaData 函数说明

函数原型	ST_MetaData(raster rast)	
参数名称	参数类型	含　义
rast	raster	栅格数据
返回值	record	返回栅格的基本元数据

例如，查看表 roi_raster 中栅格的基本元数据，语句如下：

```
select rid,(foo.md).*
from(select rid,ST_MetaData(rast) As md from roi_raster) As foo;
```

图 5-9　像元值查询结果

得到结果如图 5-10 所示。

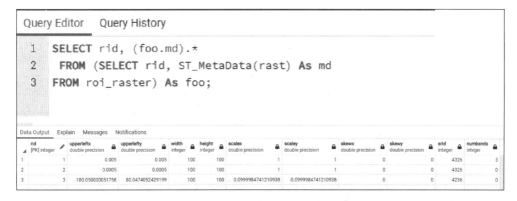

图 5-10　查看表中的基本元数据

5.2.3.2　栅格波段访问器

A　查询波段属性信息——ST_BandMetaData

返回指定栅格数据的波段属性信息，包括像素类型、元数据像元值等。其说明见表 5-9。

表 5-9　**ST_BandMetaData** 函数说明

函数原型	ST_BandMetaData（raster rast，integer band＝1）； ST_BandMetaData（raster rast，integer［］band）；	
参数名称	参数类型	含　义
rast	raster	栅格数据
band	integer	指定单个波段或多个波段
返回值	record	返回栅格的基本元数据

例如，查询表 demo 的波段属性数据，语句如下：

```
select rid,（foo.md）.*
from（select rid,ST_BandMetaData（rast,1）As md
from demo where rid＝2）As foo；
```

得到结果如图 5-11 所示。

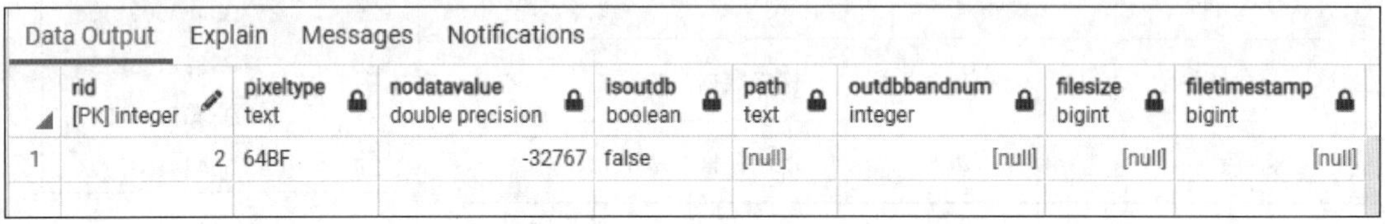

图 5-11　表的波段属性

B　以二维数组的形式获取指定波段的值——ST_DumpValues

返回指定波段的值作为二维数组（第一个索引是行，第二个是列）。其说明见表 5-10。

表 5-10　**ST_DumpValues** 函数说明

函数原型	ST_DumpValues（raster rast，integer［］nband＝NULL，boolean exclude_nodata_value＝true）；	
参数名称	参数类型	含　义
rast	raster	栅格数据
nband	integer	指定单波段或多波段，NULL 或缺省值则默认处理所有波段
exclude_nodata_value	boolean	是否排除无像素栅格
返回值	record	以二维数组的形式获取指定波段的值

练习

以 5.1.1 节课后练习的栅格数据为目标数据。

问题 1：尝试使用函数，获取目标数据的栅格属性信息。

问题 2：获取目标数据的波段属性信息。

5.2.4　栅格存取

5.2.4.1　栅格设置器

A　添加波段——ST_AddBand

返回给定类型的新波段在给定索引位置添加给定初始值的栅格。其说明见表 5-11。

表 5-11　ST_AddBand 函数说明

参数名称	参数类型	含　义
函数原型	ST_AddBand(raster rast,addbandarg[ ] addbandargset); ST_AddBand(raster rast,integer index,text pixeltype,double precision initialvalue=0,double precision nodataval=NULL); ST_AddBand(raster rast,text pixeltype,double precision initialvalue=0,double precision nodataval=NULL); ST_AddBand(raster torast,raster FROMrast,integer FROMband=1,integer torastindex=at_end); ST_AddBand(raster torast,raster[ ] FROMrasts,integer FROMband=1,integer torastindex=at_end); ST_AddBand(raster rast,integer index,text outdbfile,integer[ ] outdbindex,double precision nodataval=NULL); ST_AddBand(raster rast,text outdbfile,integer[ ] outdbindex,integer index=at_end,double precision nodataval=NULL);	
rast	raster	栅格数据
addbandargset	addbandarg	待添加波段数组
index	integer	指定索引
pixeltype	text	像素类型
initialvalue	double precision	像元精度
nodataval	double precision	指定空数据的值
返回值	text	将几何返回成 WKT 格式

例如，向表 roi_raster 中添加一个像素类型为 8BUI、初始像素为 300 的波段，语句如下：

```
update roi_raster
set rast = ST_AddBand(rast,'8BUI'::text,300)
where rid = 1;
```

在表 roi_raster 中创建一个栅格大小为 100×100 的空栅格，左上角坐标为 0，并添加 2 个波段，语句如下：

```
insert into roi_raster(rid,rast)
    values(4,ST_AddBand(ST_MakeEmptyRaster(100,100,0,0,1,-1,0,0,0),
        array[
            row(1,'8BUI'::text,0,NULL),
            row(2,'4BUI'::text,0,NULL)
                ]::addbandarg[]
    )
    );
```

可以通过查询看到添加后的结果，语句如下：

```
select(bandmata). *
from(select ST_BandMetaData(rast,generate_series(1,2)) As bandmata from roi_raster where rid=4) AS foo;
```

结果如图 5-12 所示。

	pixeltype text	nodatavalue double precision	isoutdb boolean	path text	outdbbandnum integer	filesize bigint	filetimestamp bigint
1	8BUI	[null]	false	[null]	[null]	[null]	[null]
2	4BUI	[null]	false	[null]	[null]	[null]	[null]

图 5-12　添加后的表

B　设置像元值——ST_SetValue

根据给定波段的给定像元，设定其值，返回一个新的修改后的栅格。其说明见表 5-12。

表 5-12　ST_SetValue 函数说明

函数原型	ST_SetValue(raster rast,integer bandnum,geometry geom,double precision newvalue); ST_SetValue(raster rast,geometry geom,double precision newvalue); ST_SetValue(raster rast,integer bandnum,integer x,integer y,double precision newvalue); ST_SetValue(raster rast,integer columnx,integer rowy,double precision newvalue);	
参数名称	参数类型	含　义
rast	raster	栅格数据
bandnum	integer	指定的波段
geom	geometry	几何数据
newvalue	double precision	指定新像素值
x/y	integer	指定波段的行列号，x 为行，y 为列
返回值	text	将几何返回成 WKT 格式

C　设置像素的 x 和 y 大小——ST_SetScale

以坐标参考系统为单位设置像素的 x 和 y 大小。其说明见表 5-13。

表 5-13　ST_SetScale 函数说明

函数原型	ST_SetScale(raster rast,float8 xy); ST_SetScale(raster rast,float8 x,float8 y);	
参数名称	参数类型	含　义
rast	raster	栅格数据
x/y	float8	指定像素的大小，若只输入一个值，则默认 x 和 y 为相同值
返回值	raster	返回栅格数据

D 设置旋转参数——ST_SetSkew

设置地理参考 x 和 y 倾斜（或旋转参数）。其说明见表 5-14。

表 5-14 ST_SetSkew 函数说明

函数原型	ST_SetSkew(raster rast,float8 skewxy); ST_SetSkew(raster rast,float8 skewx,float8 skewy);	
参数名称	参数类型	含 义
rast	raster	栅格数据
x/y	float8	指定栅格数据的地理参考的倾斜参数。若只输入一个值，则默认 x 和 y 为相同值
返回值	raster	返回栅格数据

5.2.4.2 栅格裁剪与拼接

A 裁剪——ST_Clip

返回由输入几何为掩膜，裁剪后的栅格。如果未指定波段索引，则处理所有波段。其说明见表 5-15。

表 5-15 ST_Clip 函数说明

函数原型	ST_Clip (raster rast, integer [ ] nband, geometry geom, double precision [ ] nodataval = NULL, boolean crop = TRUE); ST_Clip (raster rast, integer nband, geometry geom, double precision nodataval, boolean crop = TRUE); ST_Clip(raster rast,integer nband,geometry geom,boolean crop); ST_Clip(raster rast,geometry geom,double precision[ ] nodataval = NULL,boolean crop = TRUE); ST_Clip(raster rast,geometry geom,double precision nodataval,boolean crop = TRUE); ST_Clip(raster rast,geometry geom,boolean crop);	
参数名称	参数类型	含 义
rast	raster	栅格数据
geom	geometry	几何数据
nband	integer	指定栅格数据的地理参考的倾斜参数。若只输入一个值，则默认 x 和 y 为相同值
nodataval	double precision	指定空数据的值
crop	boolean	指定输出栅格范围。若为 ture 则表示裁剪输出 raster 与 geom 的交集范围，false 则为原栅格范围
返回值	raster	返回裁剪后的栅格数据

例如，在表 demo 中，以几何中心位置裁剪一个 50m 的缓冲区范围，语句如下：

```
select ST_Clip( rast,ST_Buffer( ST_Centroid( ST_Envelope( rast ) ),50 ) )
from roi_raster
where rid = 4;
```

或者，可以通过结合 ST_GeomFromText 函数对栅格数据进行操作，即通过已构建多边形对原数据进行切割。例如：

```
select ST_Clip(rast,ST_GeomFromText('polygon((100 100,500 100,500 500,100 500,100 100))',4326))
from roi_raster
where rid=1;
```

接着，可以通过上一节中建立 Large Object 的方式，将裁剪后的图形以 jpg 的格式输出。

B 合并栅格数据——ST_Union

将一组栅格切片的并集返回到由 1 个或多个波段组成的单个栅格中。其说明见表 5-16。

表 5-16　ST_Union 函数说明

函数原型	ST_Union(setof raster rast); ST_Union(setof raster rast,unionarg[] unionargset); ST_Union(setof raster rast,integer nband); ST_Union(setof raster rast,text uniontype); ST_Union(setof raster rast,integer nband,text uniontype);	
参数名称	**参数类型**	**含　义**
rast	raster	栅格数据
unionargset	integer	指定波段
reclassexpr	integer	指定栅格数据的地理参考的倾斜参数。若只输入一个值，则默认 x 和 y 为相同值
pixeltype	double precision	指定新栅格的像素类型
VARIADIC reclassargset	boolean	指定输出栅格范围，若为 ture 则表示裁剪输出 raster 与 geom 的交集范围，false 则为原栅格范围
返回值	raster	返回裁剪后的栅格数据

5.2.5　栅格运算

（1）重采样——ST_Resample。使用一个指定的重采样算法、新尺寸参数（width、height）和任意一个网格角点，以及一个由其他栅格定义的栅格空间参考属性来重采样一个栅格。其说明见表 5-17。

表 5-17　ST_Resample 函数说明

函数原型	ST_Resample(raster rast, integer width, integer height, double precision gridx = NULL, double precision gridy = NULL, double precision skewx = 0, double precision skewy = 0, text algorithm = NearestNeighbour,double precision maxerr=0.125); ST_Resample(raster rast,double precision scalex = 0,double precision scaley = 0,double precision gridx = NULL,double precision gridy = NULL,double precision skewx = 0,double precision skewy = 0, text algorithm=NearestNeighbor,double precision maxerr=0.125); ST_Resample(raster rast,raster ref,text algorithm = NearestNeighbour,double precision maxerr = 0.125,boolean usescale=true); ST_Resample(raster rast,raster ref,boolean usescale,text algorithm = NearestNeighbour,double precision maxerr=0.125)

参数名称	参数类型	含　义
rast	raster	栅格数据
width/height	integer	指定新宽度、高度
gridx/gridy	double precision	指定网格尺寸
scalex/scaley	double precision	指定像元大小
skewx/skewy	double precision	指定倾斜参数
algorithm	text	指定重采样算法计算，重采样算法有 NearestNeighbor、Bilinear、Cubic、CubicSpline、Lanczos
maxerr	double precision	指定精度
返回值	raster	返回栅格数据

（2）统计像元数——ST_Count。返回给定栅格或栅格覆盖范围内的像元数。其说明见表 5-18。

表 5-18　ST_Count 函数说明

函数原型	ST_Count(raster rast, integer nband = 1, boolean exclude_nodata_value = true) ;	
参数名称	参数类型	含　义
rast	raster	栅格数据
nband	integer	指定单波段或多波段，若未指定波段，默认为 1
exclude_nodata_value	boolean	是否排除无像素栅格
返回值	bigint	返回给定的栅格或栅格覆盖范围内的像素数

（3）重分类——ST_Reclass。返回由从源波段类型重分类后的新栅格。其说明见表 5-19。

表 5-19　ST_Reclass 函数说明

函数原型	ST _ Reclass (raster rast, integer nband, text reclassexpr, text pixeltype, double precision nodataval = NULL) ;　ST_Reclass(raster rast, reclassarg[ ] VARIADIC reclassargset) ;　ST_Reclass(raster rast, text reclassexpr, text pixeltype) ;	
参数名称	参数类型	含　义
rast	raster	栅格数据
nband	integer	指定波段
reclassexpr	integer	指定栅格数据的地理参考的倾斜参数，若只输入一个值，则默认 x 和 y 为相同值
pixeltype	double precision	指定新栅格的像素类型
VARIADIC reclassargset	boolean	指定输出栅格范围，若为 ture 则表示裁剪输出 raster 与 geom 的交集范围，false 则为原栅格范围
nodataval	double precision	指定空数据的值
返回值	raster	返回裁剪后的栅格数据

5.2.5.1 空间关系处理

在栅格部分中，同样可以使用在上一章中学习到的空间关系函数对栅格数据进行操作，但需要注意的是，栅格部分使用到的参数与几何部分不相同，其需要根据情况对函数的多种变形体进行选择。

空间关系在矢量部分已经着重介绍过，本节不重新介绍和演示对象间的空间关系，若不清楚各空间函数所代表的含义请自行翻看第 4 章中的内容。

（1）ST_Contains。ST_Contains 函数说明见表 5-20。

表 5-20 ST_Contains 函数说明

函数原型	ST_Contains(raster rastA，integer nbandA，raster rastB，integer nbandB）； ST_Contains(raster rastA，raster rastB）；	
参数名称	参数类型	含　义
rastA/rastB	raster	栅格数据
nbandA/nbanB	integer	指定波段
返回值	raster	返回栅格数据

（2）ST_Covers。ST_Covers 函数说明见表 5-21。

表 5-21 ST_Covers 函数说明

函数原型	ST_Covers(raster rastA，integer nbandA，raster rastB，integer nbandB）； ST_Covers(raster rastA，raster rastB）；	
参数名称	参数类型	含　义
rastA/rastB	raster	栅格数据
nbandA/nbanB	integer	指定波段
返回值	raster	返回栅格数据

（3）ST_Disjoint。ST_Disjoint 函数说明见表 5-22。

表 5-22 ST_Disjoint 函数说明

函数原型	ST_Disjoint(raster rastA，integer nbandA，raster rastB，integer nbandB）； ST_Disjoint(raster rastA，raster rastB）；	
参数名称	参数类型	含　义
rastA/rastB	raster	栅格数据
nbandA/nbanB	integer	指定波段
返回值	raster	返回栅格数据

（4）ST_Intersection。ST_Intersection 函数说明见表 5-23。

表 5-23　ST_Intersection 函数说明

函数原型	ST_Intersection(geometry geom, raster rast, integer band_num=1); ST_Intersection(raster rast, geometry geom); ST_Intersection(raster rast, integer band, geometry geomin); ST_Intersection(raster rastA, raster rastB, double precision[ ] nodataval); ST_Intersection(raster rastA, raster rastB, text returnband, double precision[ ] nodataval); ST_Intersection(raster rastA, integer bandA, raster rastB, integer bandB, double precision[ ] nodataval); ST_Intersection(raster rastA, integer bandA, raster rastB, integer bandB, text returnband, double precision[ ] nodataval);	
参数名称	参数类型	含　义
rastA/rastB	raster	栅格数据
bandA/banB	integer	指定波段
band_num	intger	指定波段
geom	geometry	几何数据
returnband	text	返回波段
返回值	raster	返回栅格数据

（5）ST_Overlaps。ST_Overlaps 函数说明见表 5-24。

表 5-24　ST_Overlaps 函数说明

函数原型	ST_Overlaps(raster rastA, integer nbandA, raster rastB, integer nbandB); ST_Overlaps(raster rastA, raster rastB);	
参数名称	参数类型	含　义
rastA/rastB	raster	栅格数据
nbandA/nbanB	integer	指定波段
返回值	raster	返回栅格数据

（6）ST_Touches。ST_Touches 函数说明见表 5-25。

表 5-25　ST_Touches 函数说明

函数原型	ST_Touches(raster rastA, integer nbandA, raster rastB, integer nbandB); ST_Touches(raster rastA, raster rastB);	
参数名称	参数类型	含　义
rastA/rastB	raster	栅格数据
nbandA/nbanB	integer	指定波段
返回值	raster	返回栅格数据

（7）ST_Within。ST_Within 函数说明见表 5-26。

表 5-26　ST_Within 函数说明

函数原型	ST_Within(raster rastA, integer nbandA, raster rastB, integer nbandB); ST_Within(raster rastA, raster rastB);

续表 5-26

参数名称	参数类型	含　义
rastA/rastB	raster	栅格数据
nbandA/nbanB	integer	指定波段
返回值	raster	返回栅格数据

📋 **练习**

问题 1：以矢量和栅格数据为目标，使用以上空间关系函数，查看返回结果并展示。

问题 2：创建两个表文件：zones 和 squares，使用以上空间关系函数将找出相交但不完全处于同一地块内的所有正方形。

5.2.5.2　DEM 图像处理

A　创建山体阴影——ST_HillShade

返回输入栅格波段的山体阴影。其说明见表 5-27。

表 5-27　ST_HillShade 函数说明

	ST_HillShade (raster rast , integer band = 1 , text pixeltype = 32BF , double precision azimuth = 315 , double precision altitude = 45 , double precision max_bright = 255 , double precision scale = 1. 0 , boolean interpolate_nodata = FALSE) ; 　　ST_HillShade (raster rast , integer band , raster customextent , text pixeltype = 32BF , double precision azimuth = 315 , double precision altitude = 45 , double precision max_bright = 255 , double precision scale = 1. 0 , boolean interpolate_nodata = FALSE) ;
函数原型	

参数名称	参数类型	含　义
rast	raster	栅格数据
pixeltype	integer	指定波段
azimuth	double precision	指定方位角，以正北按顺时针测量的值，范围为 0°~360°
altitude	double precision	指定高度角，范围为 0°~90°，0°表示地平线，90°为垂直
max_bright	double precision	指定最高亮度，范围为 0~255，0 表示没有亮度，255 表示最大亮度
scale	double precision	指定缩放尺寸，即垂直单位和水平单位的比值
interpolate_nodata	boolean	指定是否对 nodata 像元进行插值运算
返回值	raster	返回栅格数据

例如，生成桂林市 DEM 影像的山体阴影数据，语句如下：

```
select ST_Hillshade( ST_union( rast ) )
from demo;
```

将生成的山体阴影以 Large Object 方式，导出 tif 格式，语句如下：

```
select oid,lowrite( lo_open( oid,131072 ) ,tif) AS num_bytes
from( Values( lo_creat(0) ,st_AsTiff( ( SELECT ST_HillShade( ST_Union( rast ) ) FROM demo ) ) ) )
as v( oid,tif) ;
```

命令如图 5-13 所示。

```
Query Editor    Query History
1  SELECT oid,lowrite(lo_open(oid,131072),tif) AS num_bytes
2  FROM
3  (Values (lo_creat(0),
4          st_AsTiff((SELECT ST_HillShade(ST_Union(rast)) FROM demo)))
5  )
6  AS v(oid,tif);
7
```

Data Output   Explain   Messages   Notifications

	oid 🔒 oid	num_bytes 🔒 integer
1	74812	576072384

图 5-13　命令

原始影像如图 5-14 所示。

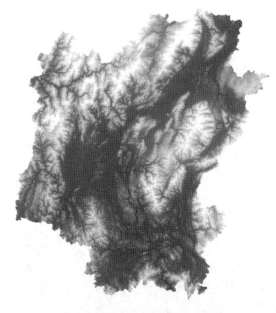

图 5-14　原始影像

创建山体阴影如图 5-15 所示。

图 5-15　创建山体阴影

放大后的部分效果如图 5-16 所示。

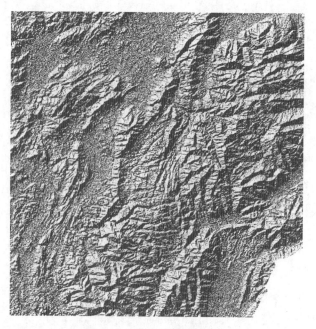

图 5-16　放大后的部分效果

ST_Slope 和 ST_Aspect 函数创建方法与 ST_HillShade 函数方法用法相似，可通过 Large Obejct 方法将结果导出。

B　创建坡度——ST_Slope

返回输入栅格的坡度栅格。其说明见表 5-28。

表 5-28　ST_Slope 函数说明

函数原型	ST_Slope (raster rast, integer nband = 1, text pixeltype = 32BF, text units = DEGREES, double precision scale = 1.0, boolean interpolate_nodata = FALSE); ST_Slope (raster rast, integer nband, raster customextent, text pixeltype = 32BF, text units = DEGREES, double precision scale = 1.0, boolean interpolate_nodata = FALSE);	
参数名称	参数类型	含　义
rast	raster	栅格数据
band	integer	指定波段
pixeltype	text	指定像元类型
units	text	坡度单位，单位有 RADIANS 和 DEGREES 两种
返回值	raster	返回栅格数据

例如，生成坡度数据，语句如下：

```
select oid, lowrite(lo_open(oid,131072),tif) AS num_bytes
from(Values(lo_creat(0),st_AsTiff((SELECT ST_Slope(ST_Union(rast)) FROM demo))))
as v(oid,tif);
```

得到结果如图 5-17 所示。

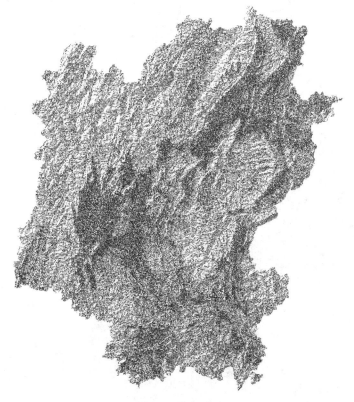

图 5-17　创建坡度

C   创建坡向——ST_Aspect

返回输入栅格的坡向栅格（默认情况下以度为单位）。其说明见表 5-29。

表 5-29   ST_Aspect 函数说明

函数原型	ST_Aspect (raster rast, integer band = 1, text pixeltype = 32BF, text units = DEGREES, boolean interpolate_nodata = FALSE) ; ST_Aspect (raster rast, integer band, raster customextent, text pixeltype = 32BF, text units = DEGREES, boolean interpolate_nodata = FALSE) ;	
参数名称	参数类型	含 义
rast	raster	栅格数据
band	integer	指定波段
pixeltype	text	指定像元类型
units	text	坡度单位，单位有 RADIANS 和 DEGREES
返回值	raster	返回栅格数据

例如，生成坡向数据，语句如下：

```
select oid,lowrite(lo_open(oid,131072),tif) AS num_bytes
from(Values(lo_creat(0),st_AsTiff((SELECT ST_Aspect(ST_Union(rast)) FROM demo)))))
as v(oid,tif);
```

得到结果如图 5-18 所示。

图 5-18   创建坡向

放大后部分效果如图 5-19 所示。

图 5-19 放大影像

练习

sdb_course 数据中现有 SRTM 的栅格影像数据和太原市矢量数据。

问题 1：如何通过 ST_Clip 函数，以太原市矢量数据为掩膜，裁剪出太原市的栅格数据？

问题 2：如何对裁剪后的太原市 DEM 影像进行操作，生成山体阴影？

问题 3：在问题 2 的基础上，如何生成对应的坡度？

问题 4：在问题 2 的基础上，如何生成对应的坡向？

6 PostGIS 应用

> **导 语**
>
> 　　数据是信息的载体，只有将数据利用起来才能体现出其价值。通过数据分析和应用，可以有新的发现，推动科技进步和经济增长。本节表述三种利用空间数据的方式，现实生活中利用数据的形式多种多样，需要结合社会发展需求，创新应用形式。数据驱动型公司的兴起是一个明显的趋势，它证明了数据的创新应用不仅推动科技进步和经济增长，而且对于商业和社会的全面发展也起到了关键作用。这些公司利用大数据和高级数据分析技术，从海量数据中提取有价值的信息，从而改善业务流程、提高效率、增加盈利和创造更好的客户体验。同时，这类趋势体现了创新和创业精神和数据的社会责任，因此，创新数据应用不仅为社会进步与发展做出了重要贡献，也是实现个人未来愿景的必要工具。

6.1　PostGIS 与 ArcGIS 结合应用

6.1.1　ArcGIS 简介

　　ArcGIS 是一套广泛使用的地理信息系统（GIS）软件，由 ESRI（Environmental Systems Research Institute）开发。它提供了一套强大的工具和功能，用于创建、编辑、分析、可视化和管理地理数据，以支持各种地理空间分析和决策制定任务。ArcGIS 用于处理地理信息、地图制作、地理数据分析和可视化。其中，ArcGIS for Desktop 包括一套综合性的专业 GIS 应用程序，支持包括制图、数据整理、分析、地理数据和影像管理以及地理信息共享等许多 GIS 任务。ArcGIS for Desktop 是 GIS 专业人员用来管理 GIS 工作流和项目以及构建数据、地图、模型和应用程序的平台。它也是在组织范围内和 Web 上部署 GIS 的起点和基础。它可用于发布地理信息并将该信息与其他人进行共享。Desktop 用户可以通过共享地图包和其他 GIS 包与其他专业桌面用户共享资源，或者通过移动、Web 和自定义系统，以及使用 ArcGIS for Server 和 ArcGIS Online 发布地图及相关地理信息服务来与所有人共享资源。

　　PostGIS 和 ArcGIS for Desktop 可以通过不同的方法进行关联，以便在 ArcGIS 环境中使用 PostGIS 数据库中的地理信息数据，主要包括 ODBC 连接、ArcSDE、直接连接、ArcGIS Pro、数据转换。为了方便，本章使用直接连接的方式说明 ArcGIS Desktop 如何连接 PostGIS，进行数据的互操作。

6.1.2　ArcGIS 与 PostGIS 联动

6.1.2.1　ArcGIS 连接 PostGIS 数据表

数据处理过程中经常会遇到想将存储在 PostgreSQL 数据库中的空间数据进行可视化的

情况，可以通过桌面 GIS 软件进行数据库连接予以实现。这里介绍常用桌面 GIS 软件——ArcGIS 进行数据库连接。

（1）打开软件。鼠标双击 ArcMap 图标（见图 6-1），打开 ArcMap 软件。

（2）连接数据库。在 ArcMap 目录树中选择"数据库连接→添加数据库连接"，双击进入数据库连接窗口，如图 6-2 所示。选择数据库平台 PostgreSQL，输入实例（安装 PostgreSQL 的服务器名称或 IP 地址）、用户名、密码。以上信息无误时，点击数据库下拉菜单会显示现有数据库列表，选择要连接的数据库，单击"确定"按钮，如图 6-3 所示。

图 6-1　ArcMap 软件

图 6-2　打开 ArcMap 软件单击 CataLog 按钮

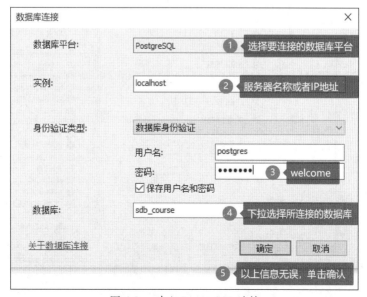

图 6-3　建立 PostgreSQL 连接

（3）添加连接。添加完成之后，CataLog 窗口中出现一个新的连接，如图 6-4 所示。

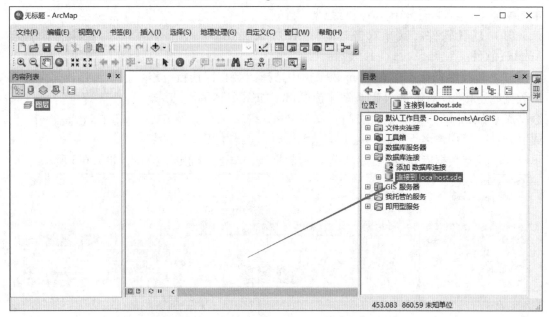

图 6-4　CataLog 中出现新的数据库连接

6.1.2.2　ArcGIS 中编辑、保存 PostGIS 数据

（1）打开工具箱。打开 ArcMap，在上方操作栏里选择"地理处理→ArcToolbox"来打开工具箱，如图 6-5 所示。

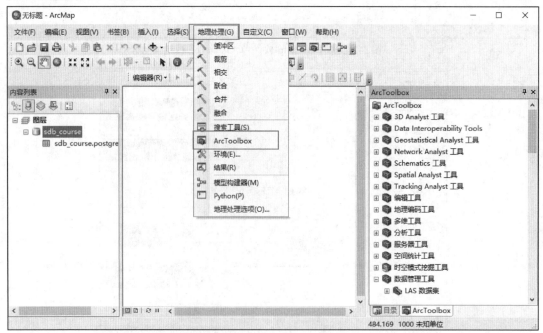

图 6-5　打开 ArcToolbox 工具箱

（2）创建数据库。在弹出的窗口中依次选择"数据管理工具→地理数据库管理→创建企业级地理数据库"，如图 6-6 所示。

（3）输入数据库信息。在弹出的创建对话框中输入信息，具体如图 6-7 所示。虽然有的带有"可选"字样，但还是要认真填写。填写过程中可以单击对话框右下角的"显示帮助"来查看更多信息。完成之后单击"确定"保存。

（4）打开编辑功能。需要编辑地图时，首先需要打开编辑功能，如图 6-8 所示。

（5）编辑地图并保存。编辑对应的点、线、面数据，然后保存数据。再次打开对应的数据，可以发现此时的数据已经修改，通过查询 PostGIS 中的数据也可以发现数据已经被修改。

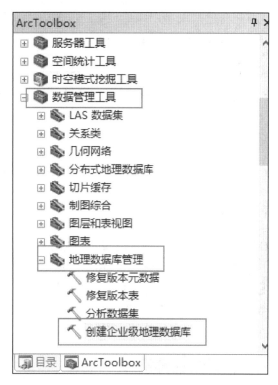

图 6-6　在 ArcToolbox 的工具箱内选择对应项

图 6-7　配置企业地理数据库

图 6-8　编辑功能

6.2　PostGIS 与 GeoServer 结合应用

6.2.1　GeoServer 简介

GeoServer 是一个用 Java 编写的开源软件服务器。利用 GeoServer 可以方便地发布地图数据，允许用户对特征数据进行更新、删除、插入操作，允许用户共享和编辑地理空间数据。它提供了一个强大的平台，使用户能够将各种地理数据格式（如矢量、栅格、地理数据库等）转化为标准的地理网络服务，并以多种格式（如 Web Map Service（WMS）、Web Feature Service（WFS）和 Web Coverage Service（WCS）等）提供给用户、应用程序和客户端。

GeoServer 的主要功能包括 OGC 标准的地图发布（矢量、栅格）、数据过滤和查询、图层样式控制、多用户支持、高性能缓存等。本节将介绍如何使用 GeoServer 进行 PostGIS 的数据发布。

6.2.2　GeoServer 发布 PostGIS 空间数据

（1）打开 GeoServer。第 1 章已经介绍了 GeoServer 的安装与配置，本次实验中首先要启动 GeoServer，在开始菜单中找到 Start GeoServer，然后在浏览器中打开 GeoServer 管理页面。

（2）创建工作区。在左侧菜单栏数据项下有一个"工作区"选项，这主要是用来分类管理要发布的项目。创建一个新的工作区，如图 6-9 所示。

（3）编辑工作区信息。名称和命名空间 URI 是必填项，如图 6-10 所示。

（4）新建数据存储。单击左侧"数据存储"图标，选中"添加新的数据存储"单选项。

（5）选择数据源。选择 PostGIS 作为数据源，如图 6-11 所示。

（6）编辑数据源连接信息。选择刚才建立的 Test 工作区作为数据源的工作区，填写数据源名称、PostgreSQL 的服务地址和端口、数据库名称以及账号密码，填写完成之后单击"保存"按钮，如图 6-12 所示。

（7）选择发布图层。单击"保存"按钮后出现"新建图层"页面，选择要发布的图层，如图 6-13 所示。

（8）设置数据。对发布的数据进行设置，首先要设置图幅范围，直接选用自动计算边框，其他选项默认，如图 6-14 所示。

（9）预览。生成图层完成后，单击"Layer Preview"找到图层的名字，单击"OpenLayers"即可预览，如图 6-15 所示。

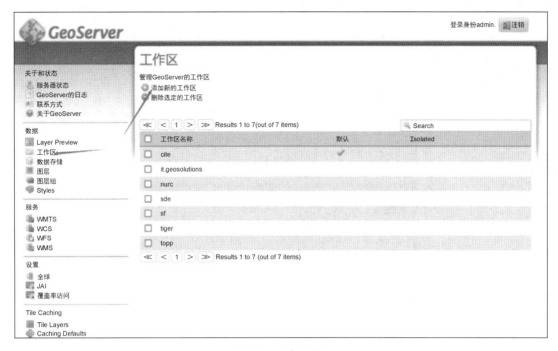

图 6-9　新建工作区

图 6-10　编辑工作区

6.2.3　GeoServer 发布 OGC 服务

6.2.3.1　WMS 服务发布

WMS(Web Map Service) 即网络地图服务，可利用具有地理空间位置信息的数据发布网络地图服务，其将地图定义为地理数据的可视表现。这个规范定义了三个主要操作：GetCapabitities 返回服务级元数据，它是对服务信息内容和要求参数的一种描述，服务器必须实现；GetMap 返回一个地图影像，其地理空间参考和大小参数是明确定义了的，服务器必须实现；GetFeatureInfo 返回显示在地图上的某些特殊要素的信息，服务方可选择性实现。

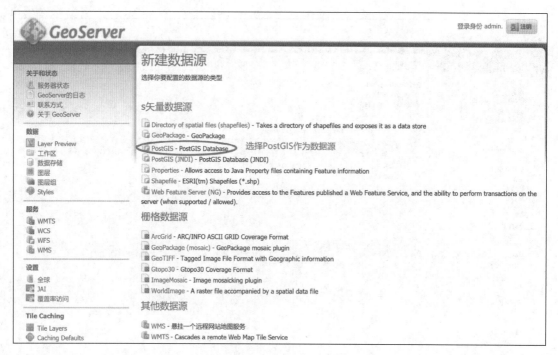

图 6-11   选择 PostGIS 作为数据源

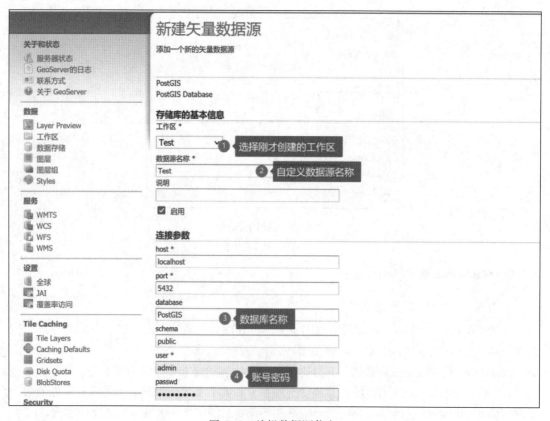

图 6-12   编辑数据源信息

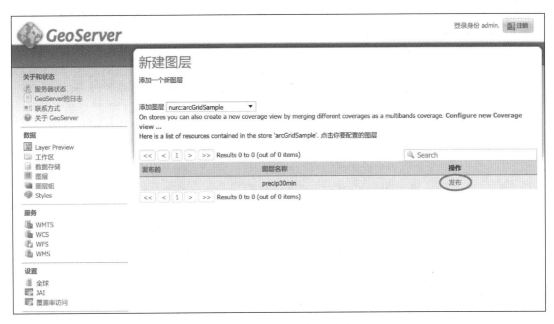

图 6-13　选择要发布的图层

坐标参考系统

本机SRS

| EPSG:4326 | EPSG:WGS 84... |

定义SRS

| EPSG:4326 | 查找... | EPSG:WGS 84... |

SRS处理

Reproject native to declared ∨

边框

Native Bounding Box

最小 X	最小 Y	最大 X	最大 Y
-180	-90	180	90

从数据中计算

Compute from SRS bounds

纬度/经度边框

最小 X	最小 Y	最大 X	最大 Y
-180	-90	180	90

Compute from native bounds

覆盖参数

ReadGridGeometry2D

图 6-14　自动计算边框

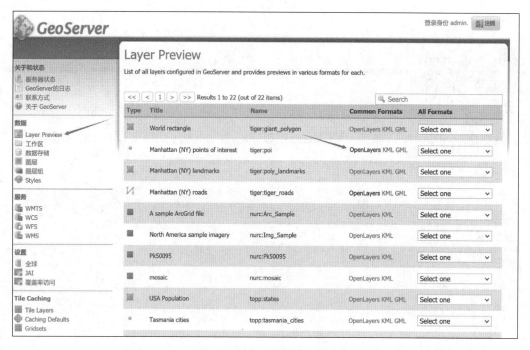

图 6-15　图层预览

（1）寻找目录。使用 GeoServer 上传数据打开开始菜单，找到 GeoServer 的目录，打开 GeoServer Data Directory，如图 6-16 所示，该目录用来保存 GeoServer 中用来发布的数据。

（2）打开目录。打开该目录（GeoServer 2.3.2\data_dir）后，进入 data 目录，新建一个文件夹 myTestData，用来保存将来要发布为 WMS 和 WFS 的数据，如图 6-17 所示。

（3）建立工作区。进入 GeoServer 页面之后，在左上角选择"工作区"来建立新的工作区，然后选择"添加新的工作区"，如图 6-18 所示。

图 6-16　GeoServer Data Directory 目录

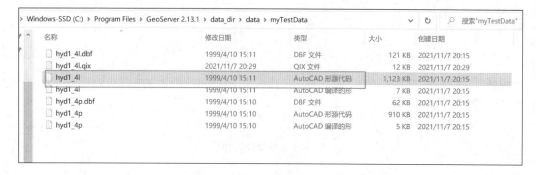

图 6-17　新建文件夹下放入数据

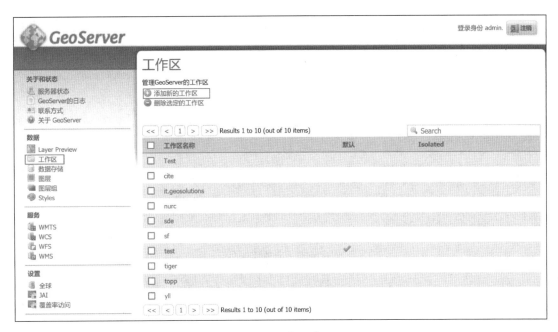

图 6-18　添加工作区

（4）新建工作区。在"Name"中填写工作区名称，"命名空间 URI"中填写 http://www.gis.com（测试用可以随便写一个），如图 6-19 所示，该 URI 在发布 WFS 时要用到。

图 6-19　配置工作区

（5）发布数据。在"新建数据源"中，选择第一项"Directory of spatial files（shapefiles）"，如图 6-20 所示，这里主要是简单地发布 shp 数据，后续会将 shp 数据存储到 PostGIS 空间数据库中，然后使用 GeoServer 将 PostGIS 中的空间数据发布为 WMS/WFS 数据。

（6）保存。在"新建矢量数据源"页面对表单进行设置，具体如图 6-21 所示，设置完后单击"保存"按钮。

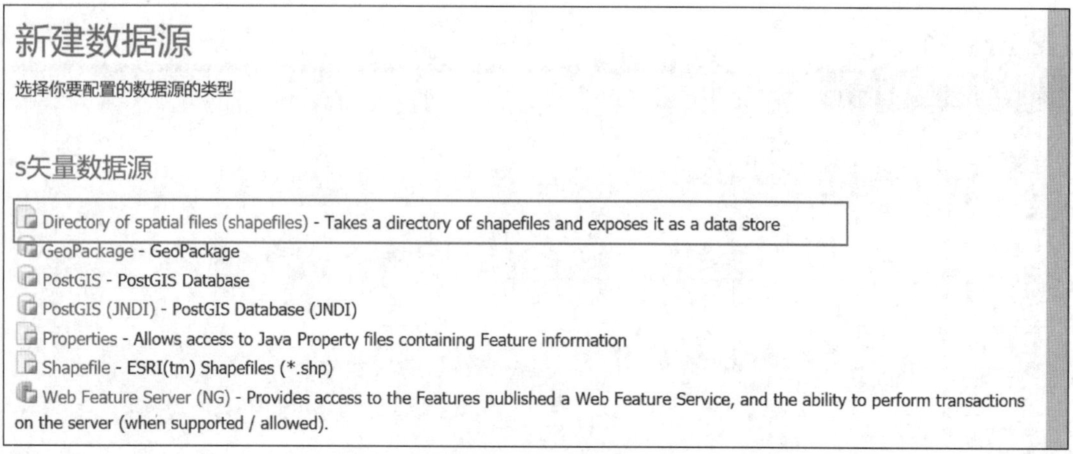

图 6-20 选择数据源

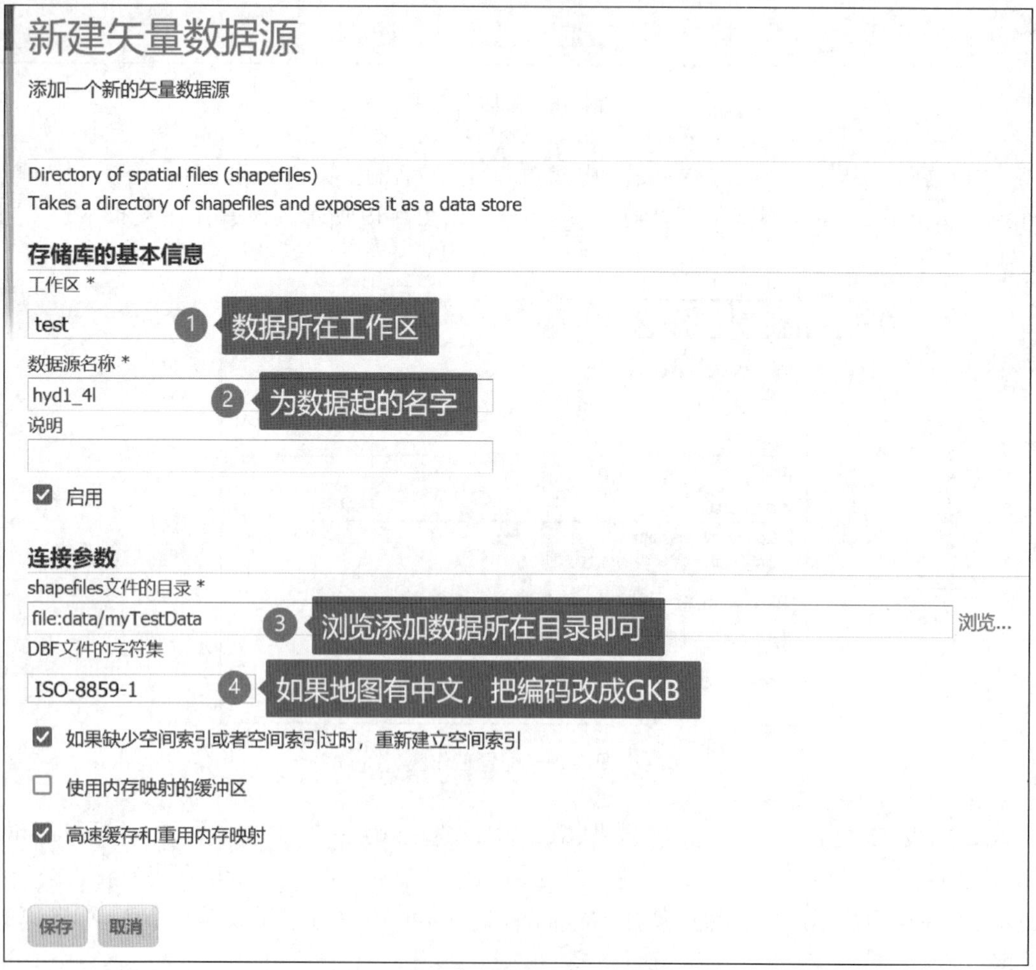

图 6-21 配置数据源

保存之后，会出现"新建图层"页面，这里面有刚才保存在目录中的所有数据。由于示例只保存了一个 shp 文件，因此只有一个 Layer，如图 6-22 所示。

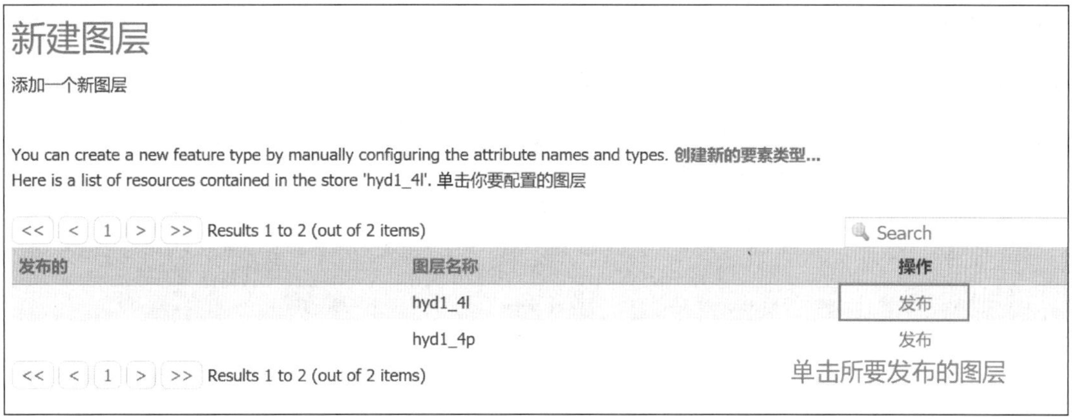

图 6-22 新建图层

（7）设置发布数据。使用 GeoServer 发布数据为 WMS。在刚才的"新建图层"页面中，单击要发布的数据最右边的"发布"，在数据标签页中按照图 6-23 进行设置，顺序很重要，其他不用改。设置好之后，在最下面单击"保存"就发布成功，如图 6-23 所示。

图 6-23 自动计算边框

（8）预览。在页面"Layer Preview"就出现所有发布的图层。在 Layer Preview 里面可以找到刚才发布的数据，如图 6-24 所示。

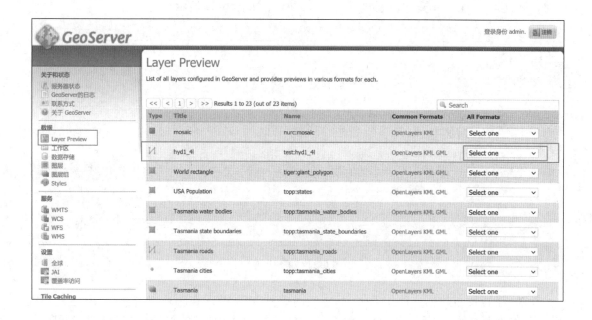

图 6-24　图层显示

（9）选择发布服务。单击"Select one"可以选择需要的各种地图服务，如图 6-25 所示。

（10）发布 WMS 服务。选择"WMS→PNG"即可发布为 WMS 服务，当然，选择其他的格式也完全可以。以"WMS→PNG"为例来说明，其中浏览器的地址栏中字符串就是 WMS 服务。

6.2.3.2　WFS 服务发布

WFS（Web Feature Service）即网络地理要素数据服务，返回的是要素级的 GML 编码，并提供对要素的增加、修改、删除等事务操作。它允许客户端从多个 Web 要素服务中取得使用地理标记语言（GML）编码的地理空间数据，主要包括以下这些操作：GetCapabilites 返回用 XML 描述的服务元数据；DescribeFeatureType 返回描述可以提供服务的任何要素结构的XML 文档；GetFeature 处理获取要素实例的请求；Transaction 处理事务请求；LockFeature 处理在一个事务期间对一个或多个要素类型实例上锁的请求。以发布 GML 格式 WFS 服务为例，选择"WFS→GML2"即可发布为 WFS 服务，如图 6-26 与图 6-27 所示。

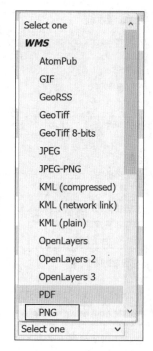

图 6-25　发布类型
为 PNG 格式

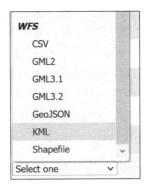

图 6-26 发布类型为 KML 格式

图 6-27 发布为 WFS 数据

6.3 OpenLayers 应用

6.3.1 OpenLayers 简介

OpenLayers 是一个开源的 JavaScript 库，用于在 Web 应用程序中嵌入交互式地图，从而使开发者能够轻松地构建具有地理空间功能的网页地图应用。OpenLayers 提供了一种简单的方法来显示地图、添加图层、执行地图交互和地图控制，支持多种地图投影和数据格式。它是一个强大的工具，用于构建自定义的地图应用程序，包括地图查看、地理信息分析、地图标记和地图编辑等功能。OpenLayers 能够在 Web 应用程序中显示地图，并提供了各种地图交互功能，如平移、缩放、旋转、标记放置和地图单击。同时，OpenLayers 支持多种地图投影，包括 Web Mercator、经纬度、等角投影等，以适应不同的地图数据，用户可以添加多个图层，包括矢量图层、栅格图层、瓦片图层和自定义图层，以创建丰富的地图显示。通过自定义地图的样式，包括图层颜色、标记样式、线条风格等，可以满足应用程序的外观需求，它也提供了预设各种地图控件，如缩放控制、导航控制、图例控制等，以增加地图的可操作性。这使得开发人员能够轻松地构建具有地理空间功能的网页地图应用。因此，本节将简要介绍如何使用 OpenLayers 显示 GeoServer 的地图服务。

6.3.2　OpenLayers 调用 GeoServer 发布的 WMS 数据

使用 OpenLayers 地图框架，在浏览器上调用 GeoServer 发布的地图服务，把 GeoServer 发布的地图服务展现在 Web 应用上。数据准备：调用之前在 GeoServer 中发布的名字为 province：sdb_province 的 WMS 服务。

（1）加载数据。打开 OpenLayers 的官网，找到 Quick Start，使用官网提供的一个简单模板加载 WMS 数据，如图 6-28 所示。

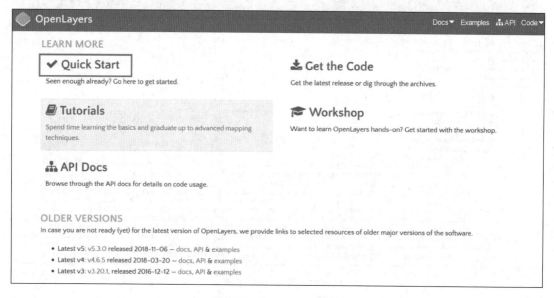

图 6-28　OpenLayers 首页

（2）添加源。添加 GeoServer WMS 资源。在 GeoServer 发布的 WMS 地图中用鼠标右键单击，然后检查，找到网络，随便单击任一请求，就可以看到具体的参数配置，如图 6-29 所示。同时要注意 GeoServer 的跨域配置问题，具体代码及参数配置如下：

```
GeoServer 发布的 WMS 参数配置；
    new ol. layer. Image( {
        source：new ol. source. ImageWMS( {
            ratio：1,
            url：'http：//localhost：9999/geoserver/cite/wms',//GeoServer 的服务地址,端口号要改成自己的
```

```
crossOrigin:'anonymous',//跨域声明
params:{
    'FORMAT':'image/png',//GeoServer 发布的样式
    'VERSION':'1.1.1',//GeoServer 版本号
    "exception":'application/vnd.ogc.se_inimage',
    "LAYERS":'cite:sdb_province'   //cite—图层的名称空间,sdb_province—图层名称
    }
})
})
```

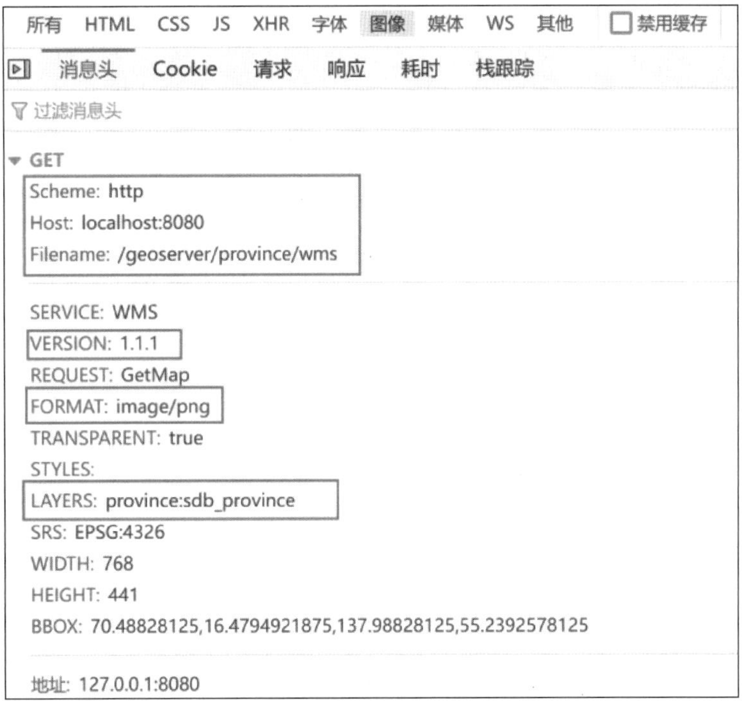

图 6-29　WMS 参数配置

（3）View 设置。设置地图中心点和缩放等级。

```
view: new ol.View({
    center:ol.proj.fromLonLat([110.30273,25.09277]),//自定义地图显示的中心点
    zoom:15 //自定义当前视图的缩放等级
})
```

（4）结果。最终 GeoServer WMS 数据就加载到 OpenLayers 的地图。

练习

问题 1：依据中共党史网中"为了民族复兴·英烈谱"中的英雄人物，建立英烈数据库，需要包括每一位英烈人物的姓名、性别、出生地（以几何点保存）、英雄事迹，其中英雄事迹需要保存事迹发生的年份、发生地（几何点）、事迹简述。设计满足上述要求的

表格，并填充不低于 10 位英烈人物的信息。

问题 2：根据人民网中"总书记的红色足迹"，设计数据库，至少包括时间、足迹地点（几何点）、足迹城市照片、主要活动简介。填充所有足迹数据，将数据发布到 GeoServer，并利用 OpenLayer 发布上述服务，实现通过单击上述足迹，在 OpenLayer 中显示时间、足迹地点（几何点）、足迹城市照片、主要活动简介。

附录　练习参考答案

附录 A　3.1 节练习答案

问题 1：创建 employee 表时，对员工编号（id）进行非空约束，对性别建立默认约束。

答：创建 employee 空表。

```
create table employee(
    id int primary key not null,
    name varchar(30) not null,
    gender char(2) default '男',
    dept_id int,
    job varchar(50),
    salary numeric(9,2),
    heirDate date,
    constraint fk_emp_deptid foreign key (dept_id) references dept(id)
);
```

向表中指定列插入数据：

```
insert into employee(id,name) values(88,'张三');
```

查询语句：

```
select * from employee where id = 88
```

结果如附图 A-1 所示。

Query Editor	Query History					
1 `select * from employee where id=88` 2 3						

Data Output　Explain　Messages　Notifications

	id [PK] integer	name character varying (30)	gender character (2)	dept_id integer	job character	salary numeric	heirdate date
1	88	张三	男		[null]	[null]	[null]

附图 A-1　问题 1 结果

问题 2：向 dept 表中插入部门编号为 12、部门经理为张三这行数据。

答：创建 dept 表。

```
create table dept(
    id int primary key,
    name varchar(30),
    location varchar(200),
    tel varchar(11),
    manager varchar(30)
);
```

插入数据：

```
insert into dept(id,manager) values('12','张三');
```

结果如附图 A-2 所示。

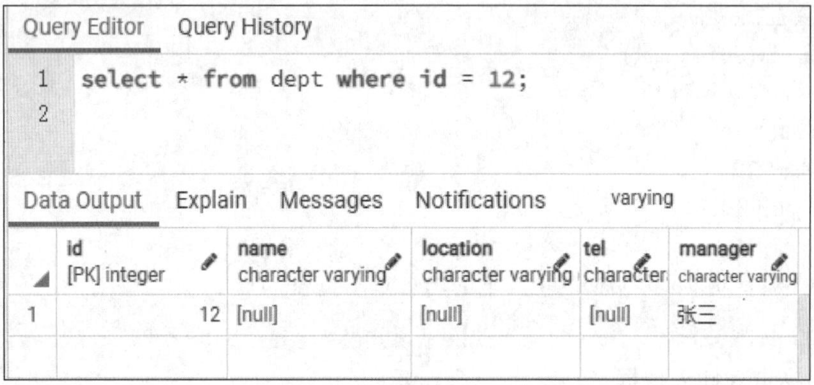

附图 A-2　问题 2 结果

问题 3：向表中插入数据时，如果不插入部门编号（id）这一字段，可以插入成功吗，为什么？

答：不能，因为部门编号是表的主键，主键值不能为空。

问题 4：向员工表中插入员工编号为 109、名字为赵云、性别为女、所在部门为 7、职位为售后客服、工资为 5000 元、入职日期为 2021.7.1 的数据。

答：因为在员工表中规定部门编号为外键约束，一个表的外键若不为空，则每个外键值必须等于另一个表中主键的值，所以先给 dept 表插入部门 id 为 7 的一行数据：

```
insert into dept values(7,'售后部','北京市顺义区','2222222','蒋亮');
```

然后向员工表中插入数据：

```
insert into employee(id,name,gender,dept_id,job,salary,heirDate) values(109,'赵云','女',7,'售后客服',
5000,'2021-07-01');
```

结果如附图 A-3 所示。

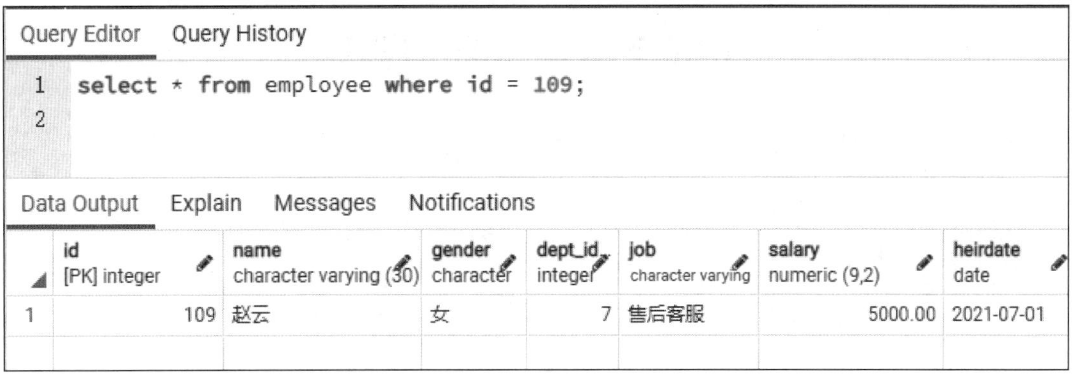

Query Editor　　Query History

```
1  select * from employee where id = 109;
2
```

Data Output　　Explain　　Messages　　Notifications

id [PK] integer	name character varying (30)	gender character	dept_id integer	job character varying	salary numeric (9,2)	heirdate date
1	109 赵云	女	7	售后客服	5000.00	2021-07-01

附图 A-3　问题 4 结果

附录 B　3.2 节练习答案

问题 1：删除部门表中编号 id 为 4 的记录。

答：SQL 语句如下。

```
delete from dept
where id=4;
```

结果如附图 B-1 所示。

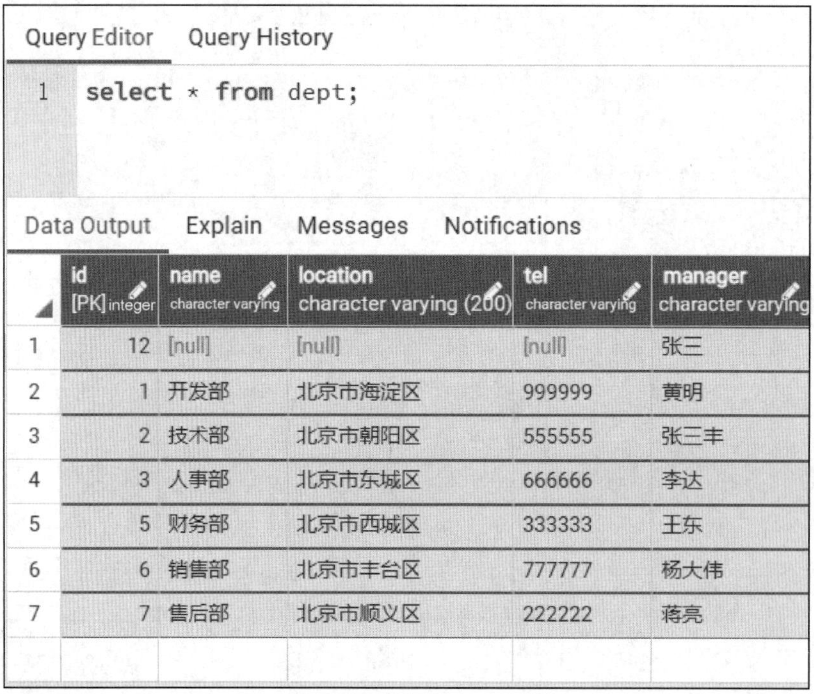

附图 B-1　问题 1 结果

问题 2：删除员工表中性别为女的所有记录。

答：SQL 语句如下：

```
delete from employee
where gender='女';
```

结果如附图 B-2 所示。

问题 3：能否只删除表内某一行记录的某一个字段？

答：delete 语句不能删除表内某一行记录的某一个字段，它只能针对每行记录。若要对某个字段操作，应该用 update 语句。例如，想要清除部门表 dept 中部门 id 为 5 的 manager，代码如下：

```
update dept
set manager = null
where id = 5;
```

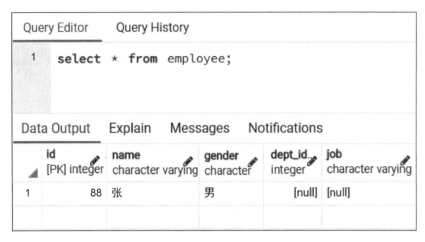

附图 B-2 问题 2 结果

结果如附图 B-3 所示。

附图 B-3 问题 3 结果

问题 4：如果不填写 WHERE 关键字后的条件，结果是怎么样？

答：若不写 WHERE 子句，表中所有的数据都会被清除，剩下空表，如附图 B-4 所示。

```
delete from employee;
```

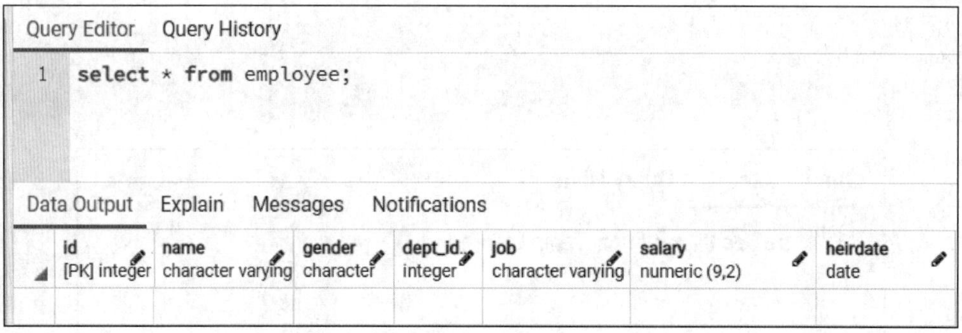

附图 B-4　问题 4 结果

附录 C 3.3 节练习答案

问题 1：修改 employee 员工表，将员工职位是开发工程师的员工工资修改为 10000 元。

答：SQL 语句如下：

```
update employee
set salary = 10000
where job = '开发工程师';
```

结果如附图 C-1 所示。

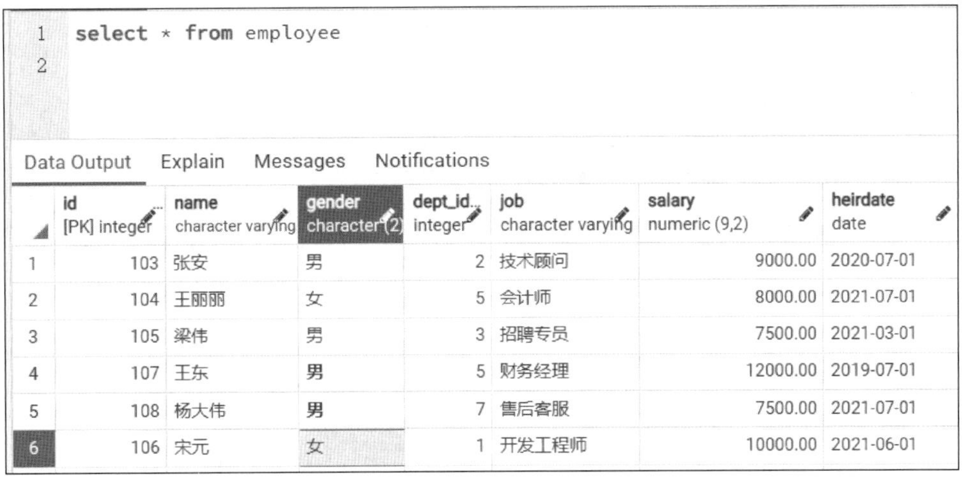

附图 C-1 问题 1 结果

问题 2：执行更新操作时，如果忽略 WHERE 子句，将会怎么样？

答：执行更新操作时，如果忽略 WHERE 子句，那么整列数据都会被更新。例如如下代码：

```
update employee
 set salary = 11000;
```

结果如附图 C-2 所示。

问题 3：UPDATE 和 DELETE 有什么区别？

答：UPDATE 和 DELETE 都是对表中的数据进行操作，但是 UPDATE 可以更新表中特定的行和列，也可以依据某个字段修改当前记录中另一个字段的值；DELETE 用来删除特定的一行记录，不能删除整列字段。

问题 4：在 employee 表中，更新员工编号为 106 的记录，将其所在部门调整为 6。

答：SQL 语句如下：

```
update employee
set dept_id = 6
where id = 106;
```

Data Output　Explain　Messages　Notifications

	id [PK] integer	name character varying	gender character	dept_id integer	job character varying	salary numeric (9,2)	heirdate date
1	103	张安	男	2	技术顾问	11000.00	2020-07-01
2	104	王丽丽	女	5	会计师	11000.00	2021-07-01
3	105	梁伟	男	3	招聘专员	11000.00	2021-03-01
4	107	王东	女	5	财务经理	11000.00	2019-07-01
5	108	杨大伟	女	7	售后客服	11000.00	2021-07-01
6	106	宋元	女	1	开发工程师	11000.00	2021-06-01

附图 C-2　问题 2 结果

结果如附图 C-3 所示。

Data Output　Explain　Messages　Notifications

	id [PK] integer	name character varying	gender character (2)	dept_id... integer	job character varying (50)
1	103	张安	男	2	技术顾问
2	104	王丽丽	女	5	会计师
3	105	梁伟	男	3	招聘专员
4	107	王东	男	5	财务经理
5	108	杨大伟	男	7	售后客服
6	106	宋元	女	6	开发工程师

附图 C-3　问题 4 结果

附录 D　3.4 节练习答案

D.1　3.4.1 节练习答案

问题 1：查询 dept 部门表中的所有信息还可以怎么写？

答：SQL 语句如下：

```
select id,name,location,tel,manager from dept;
```

结果如附图 D-1 所示。

	id [PK] integer	name character varying	location character varying	tel character varying	manager character varying
1	12	[null]	[null]	[null]	张三
2	1	开发部	北京市海淀区	999999	黄明
3	2	技术部	北京市朝阳区	555555	张三丰
4	3	人事部	北京市东城区	666666	李达
5	6	销售部	北京市丰台区	777777	杨大伟
6	7	售后部	北京市顺义区	222222	蒋亮
7	5	财务部	北京市西城区	333333	[null]

附图 D-1　问题 1 结果

问题 2：查询员工表中所有员工的信息。

答：SQL 语句如下：

```
select * from employee;
```

结果如附图 D-2 所示。

问题 3：查询员工表中姓名和性别信息。

答：SQL 语句如下：

```
select name,gender from employee
```

结果如附图 D-3 所示。

D.2　3.4.2 节练习答案

D.2.1　3.4.2.2 节练习答案

问题 1：分别用等于和不等于两种条件判断符，查询员工表中男性员工的工资。

答：使用等于判断符，语句如下：

	id [PK] integer	name character varying	gender character	dept_id integer	job character varying	salary numeric	heirdate date
1	103	张安	男	2	技术顾问	11000.00	2020-07-01
2	104	王丽丽	女	5	会计师	11000.00	2021-07-01
3	105	梁伟	男	3	招聘专员	11000.00	2021-03-01
4	107	王东	男	5	财务经理	11000.00	2019-07-01
5	108	杨大伟	男	7	售后客服	11000.00	2021-07-01
6	106	宋元	女	6	开发工程师	11000.00	2021-06-01

附图 D-2　问题 2 结果

	name character varying (30)	gender character (2)
1	张安	男
2	王丽丽	女
3	梁伟	男
4	王东	男
5	杨大伟	男
6	宋元	女

```
1  select name,gender from employee
```

附图 D-3　问题 3 结果

```
select *
from employee
where salary = 8000;
```

结果如附图 D-4 所示。

使用不等于判断符，语句如下：

```
select *
from employee
where salary ! = 8000;
```

结果如附图 D-5 所示。

问题 2：查询工资高于 10000 元的员工入职日期。

答：SQL 语句如下：

```
select heirdate
from employee
where salary>10000;
```

附图 D-4　问题 1 "员工表中男性员工的工资＝8000" 查询结果

附图 D-5　问题 1 "员工表中男性员工的工资≠8000" 查询结果

结果如附图 D-6 所示。

附图 D-6　问题 2 结果

问题 3：查询员工工资不等于 5000 元和 6000 元的员工编号及姓名。

答：SQL 语句如下：

```
select id,name
from employee
where salary != 5000 and salary != 6000;
```

结果如附图 D-7 所示。

问题 4：查询员工工资小于 8000 元的工作岗位有哪些。

答：SQL 语句如下：

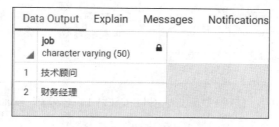

附图 D-7 问题 3 结果

```
select job
from employee
where salary<8000;
```

结果如附图 D-8 所示。

附图 D-8 问题 4 结果

D.2.2 3.4.2.3 节练习答案

问题 1：查询部门编号不为 1 和 2 的部门信息。

答：SQL 语句如下：

```
select *
from dept
where id not in(1,2);
```

结果如附图 D-9 所示。

问题 2：查询工资为 10000 元和 9000 元的员工姓名。

答：SQL 语句如下：

```
select name
from employee
where salary in(9000,10000);
```

结果如附图 D-10 所示。

问题 3：查询员工姓名为张玉、张军的工作岗位。

Data Output　Explain　Messages　Notifications

	id [PK] integer	name character varying	location character varying	tel character varying	manager character varying
1	12	[null]	[null]	[null]	张三
2	3	人事部	北京市东城区	666666	李达
3	6	销售部	北京市丰台区	777777	杨大伟
4	7	售后部	北京市顺义区	222222	蒋亮
5	5	财务部	北京市西城区	333333	[null]

附图 D-9　问题 1 结果

Data Output　Explain　Messages　Notifications

	name character varying (30)
1	梁伟

附图 D-10　问题 2 结果

答：SQL 语句如下：

```
select name,job
from employee
where name in('张玉','张军');
```

结果如附图 D-11 所示。

Data Output　Explain　Messages　Notifications

	name character varying (30)	job character varying (50)
1	张玉	招聘专员
2	张军	财务经理

附图 D-11　问题 3 结果

D.2.3　3.4.2.5 节练习答案

问题 1：查询员工表中，名字中包含‘云’的所有记录。

答：SQL 语句如下：

```
select *
from employee
where name like '%云';
```

结果如附图 D-12 所示。

	id [PK] integer	name character varying	gender character (2)	dept_ integer	job character varying	salary numeric (9,2)	heirdate date
1	109	赵云	女	7	售后客服	9500.00	2021-07-01
2	110	王晓云	女	2	技术工程师	9500.00	2020-07-01

附图 D-12　问题 1 结果

问题 2：查询在 2021 年入职的员工的姓名和 id。

答：SQL 语句如下：

```
select name,id
from employee
where to_char(heirdate,'yyyy') like '2021';
```

结果如附图 D-13 所示。

	name character varying (30)	id [PK] integer
1	杨大伟	108
2	王丽丽	104
3	宋元	106
4	张玉	105
5	赵云	109

附图 D-13　问题 2 结果

问题 3：查询部门表中，地址在北京的部门编号、部门名字、部门地址。

答：SQL 语句如下：

```
select id,name,location
from dept
twhere location like '北京%';
```

结果如附图 D-14 所示。

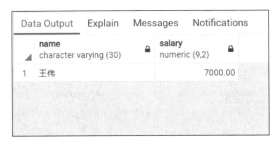

附图 D-14　问题 3 结果

D.3　3.4.3 节练习答案

D.3.1　3.4.3.2 节练习答案

问题 1：查询员工表中，在 4 号部门的男性员工的姓名和工资。

答：SQL 语句如下：

```
select name,salary
from employee
where dept_id=4 and gender='男';
```

结果如附图 D-15 所示。

附图 D-15　问题 1 结果

问题 2：IN 关键字和 OR 关键字的功能是否相同，可否互换使用？

答：IN 关键字查询满足指定条件范围内的记录；OR 关键字表示记录只需要满足其中一条记录即可返回，其也可以连接两个或者多个查询条件。当查询条件位于同一字段列时，IN 关键字和 OR 关键字可以互换使用；当查询条件位于不同字段列时，IN 关键字和 OR 关键字不能互换使用。例如，查询工资为 8500 元或者 9000 元的工作岗位和工资时，两者可以互换使用；而查询工资为 9500 元或岗位为招聘专员的员工的姓名和岗位和工资时，两者不能互换使用。例如如下代码：

```
select job,salary
from employee
where salary in (8500,9000);
```

结果如附图 D-16 所示。

附图 D-16 问题 2 同一字段下用 "in" 关键字查询结果

如下代码结果如附图 D-17 所示。

```
select job,salary
from employee
where salary='8500' or salary='9000';
```

附图 D-17 问题 2 同一字段下用 "or" 关键字查询结果

如下代码结果如附图 D-18 所示。

```
select name,job,salary
from employee
where salary=9500 or job='招聘专员';
```

问题 3：查询员工表中工资大于 10000 元，并且入职日期在 2021 年以后的员工姓名、工资和入职日期。

附图 D-18　不同字段下用"or"关键字查询结果

答：SQL 语句如下：

select name,salary,heirdate

from employee

where salary > 10000 and heirdate >='2021-1-1';

结果如附图 D-19 所示。

	name character varying (30)	salary numeric (9,2)	heirdate date
1	杨大伟	11000.00	2021-07-01
2	宋元	12000.00	2021-06-01

附图 D-19　问题 3 结果

问题 4：在部门表中查询部门编号为 3 和 4 的部门经理和部门电话。

答：SQL 语句如下：

select id,manager,tel

from dept

where id=3 or id=4;

结果如附图 D-20 所示。

	id [PK] integer	manager character varying (30)	tel character varying (11)
1	3	李达	666666
2	4	黄天	[null]

附图 D-20　问题 4 结果

问题 5：AND 和 OR 能否同时使用，如果可以，应该注意什么？

答：可以。要注意运算符的优先值，AND 运算符的运算级别高于 OR 运算符，如果想先用 OR 运算符，可以使用括号。

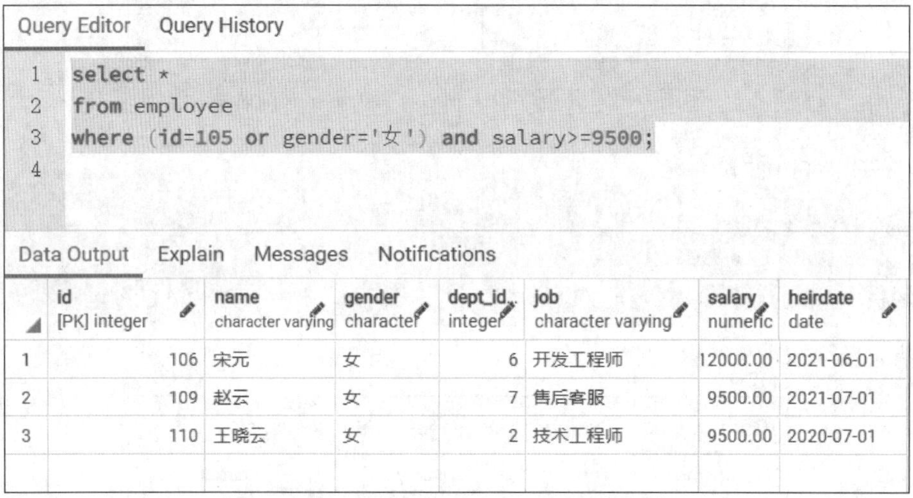

例如如下 SQL 语句，结果如附图 D-21 所示。

```
select *
from employee
where (id=105 or gender='女') and salary>=9500;
```

附图 D-21　问题 5 运算符的优先级

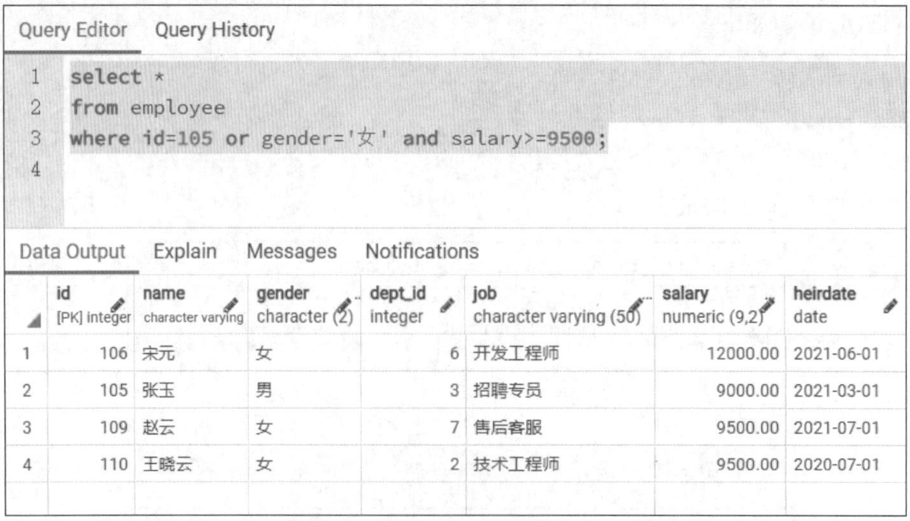

再如如下语句，结果如附图 D-22 所示。

```
select *
from employee
where id=105 or gender='女' and salary>=9500;
```

附图 D-22　问题 5 运算符的优先级

D.3.2 3.4.3.3 节练习答案

问题 1：查询员工表，先按员工姓名升序，再按员工入职日期降序排序。

答：SQL 语句如下：

```
select *
from employee
order by name,heirdate desc;
```

结果如附图 D-23 所示。

	id [PK] integer	name character varying	gender character	dept_id integer	job character varying	salary numeric (9,2)	heirdate date
1	104	王丽丽	女	5	会计师	8500.00	2021-07-01
2	111	王伟	男	4	维护专员	7000.00	2019-08-01
3	110	王晓云	女	2	技术工程师	9500.00	2020-07-01
4	108	杨大伟	男	7	售后客服	11000.00	2021-07-01
5	103	张安	男	2	技术顾问	7500.00	2020-07-01
6	107	张军	男	5	财务经理	7500.00	2019-07-01
7	113	张明阳	男	[null]	[null]	12000.00	[null]
8	133	张阳阳	男	5	售后客服	8000.00	[null]
9	105	张玉	男	3	招聘专员	9000.00	2021-03-01
10	109	赵云	女	7	售后客服	9500.00	2021-07-01

附图 D-23 问题 1 结果

问题 2：查询部门表，按部门名称降序排序。

答：SQL 语句如下：

```
select *
from dept
order by name;
```

结果如附图 D-24 所示。

问题 3：查询员工表，按员工编号升序排序。

答：SQL 语句如下：

```
select *
from employee
order by id;
```

结果如附图 D-25 所示。

	id [PK] integer	name character varying	location character varying	tel character varying	manager character varying
1	5	财务部	北京市西城区	333333	[null]
2	2	技术部	北京市朝阳区	555555	张三丰
3	1	开发部	北京市海淀区	999999	黄明
4	3	人事部	北京市东城区	666666	李达
5	7	售后部	北京市顺义区	222222	蒋亮
6	6	销售部	北京市丰台区	777777	杨大伟
7	4	运维部	桂林市雁山区	[null]	黄天
8	12	[null]	[null]	[null]	张三

附图 D-24 问题 2 结果

	id [PK] integer	name character varying	gender character	dept_id integer	job character varying	salary numeric (9,2)	heirdate date
1	103	张安	男	2	技术顾问	7500.00	2020-07-01
2	104	王丽丽	女	5	会计师	8500.00	2021-07-01
3	105	张玉	男	3	招聘专员	9000.00	2021-03-01
4	106	宋元	女	6	开发工程师	12000.00	2021-06-01
5	107	张军	男	5	财务经理	7500.00	2019-07-01
6	108	杨大伟	男	7	售后客服	11000.00	2021-07-01
7	109	赵云	女	7	售后客服	9500.00	2021-07-01
8	110	王晓云	女	2	技术工程师	9500.00	2020-07-01
9	111	王伟	男	4	维护专员	7000.00	2019-08-01

附图 D-25 问题 3 结果

D.3.3 3.4、3.4 节练习答案

问题 1：查询员工表中 3 到 6 行的员工信息。

答：SQL 语句如下：

```
select *
from employee limit 4 offset 3；
```

结果如附图 D-26 所示。

问题 2：查询部门表中前 5 行的信息。

答：SQL 语句如下：

```
select *
from dept limit 5;
```

	id [PK] integer	name character varying	gender character	dept_id integer	job character varying	salary numeric	heirdate date
1	103	张安	男	2	技术顾问	7500.00	2020-07-01
2	105	张玉	男	3	招聘专员	9000.00	2021-03-01
3	107	张军	男	5	财务经理	7500.00	2019-07-01
4	109	赵云	女	7	售后客服	9500.00	2021-07-01

附图 D-26 问题 1 结果

结果如附图 D-27 所示。

	id [PK] integer	name character varying	location character varying	tel character varying	manager character varying
1	12	[null]	[null]	[null]	张三
2	1	开发部	北京市海淀区	999999	黄明
3	2	技术部	北京市朝阳区	555555	张三丰
4	3	人事部	北京市东城区	666666	李达
5	6	销售部	北京市丰台区	777777	杨大伟

附图 D-27 问题 2 结果

问题 3：在部门表中，使用 limit 子句，返回从第 5 个记录开始的，行数长度为 3 的记录。

答：SQL 语句如下：

```
select *
from dept limit 4 offset 3;
```

结果如附图 D-28 所示。

	id [PK] integer	name character varying	location character varying	tel character varying	manager character varying
1	3	人事部	北京市东城区	666666	李达
2	6	销售部	北京市丰台区	777777	杨大伟
3	7	售后部	北京市顺义区	222222	蒋亮
4	5	财务部	北京市西城区	333333	[null]

附图 D-28 问题 3 结果

D. 4　3. 4. 4 节练习答案

问题 1：查询员工表中，工资最高的员工的工资。

答：SQL 语句如下：

```
select max( salary)
from employee;
```

结果如附图 D-29 所示。

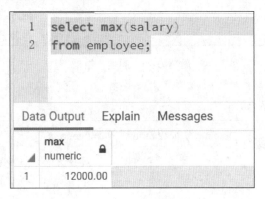

附图 D-29　问题 1 结果

问题 2：查询员工表中，入职最早的员工的入职日期。

答：SQL 语句如下：

```
select min( heirdate)
from employee;
```

结果如附图 D-30 所示。

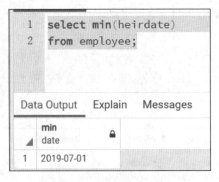

附图 D-30　问题 2 结果

问题 3：查询员工表中，这个月应发工资的总数。

答：SQL 语句如下：

```
select sum( salary)
from employee;
```

结果如附图 D-31 所示。

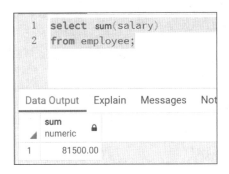

附图 D-31　问题 3 结果

问题 4：基于每个部门进行分组，并统计每个部门的平均工资。

答：SQL 语句如下：

select dept. name, round(avg(employee. salary) ,2) as avg_salary

from employee

left outer join dept on dept. id = employee. dept_id

group by dept. name

结果如附图 D-32 所示。

Data Output	Explain	Messages	Notifications
	name character varying (30)	avg_salary numeric	
1	[null]	12000.00	
2	财务部	8000.00	
3	人事部	9000.00	
4	技术部	8500.00	
5	售后部	10250.00	
6	运维部	7000.00	

附图 D-32　问题 4 结果

D.5　3.4.5 节练习答案

问题：观察 INNER JOIN、LEFT JOIN、RIGHT JOIN 的区别。

答：INNER JOIN 得到的结果是左表和右表的交集；LEFT JOIN 得到的结果是左表的所有记录以及右表中符合查询条件的记录；RIGHT JOIN 得到的结果是右表的所有记录以及左表中符合查询条件的记录。

D.6　3.4.6 节练习答案

问题 1：返回员工表所有部门编号列，查询员工表部门编号 dept_id 大于 2 的部门 id 和部门名，并按部门编号递减排列。

答：SQL 语句如下：

```
select id,name
from dept
where id in
(select dept_id from employee where dept_id>'2')
```

结果如附图 D-33 所示。

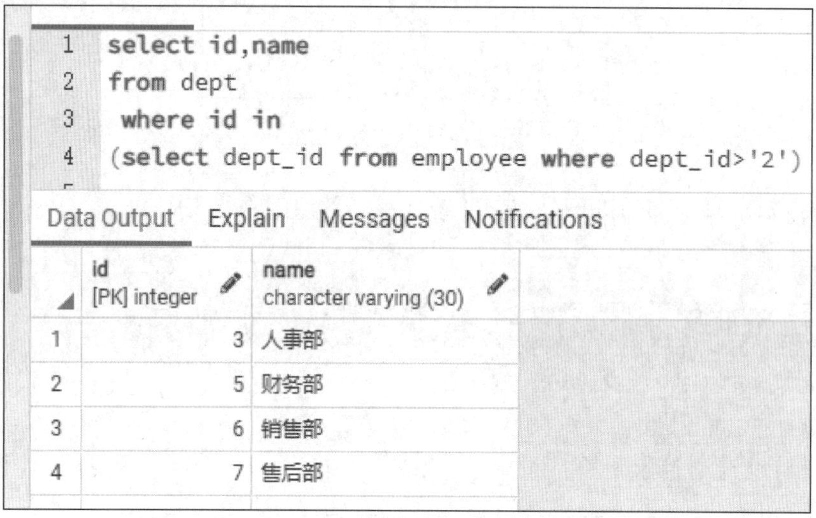

附图 D-33　问题 1 结果

问题 2：查询部门表中部门地址在"北京市海淀区"的部门编号，并根据部门编号查询员工的姓名和性别（提示：用 IN 关键字查询）。

答：SQL 语句如下：

```
select name,gender
from employee
where dept_id in
(select id from dept where location='北京市海淀区');
```

结果如附图 D-34 所示。

问题 3：查询部门表中"人事部"的部门编号，并根据部门编号查询在这个部门的员工的信息。

答：SQL 语句如下：

```
select *
from employee
where dept_id in
(select id from dept where name='人事部');
```

结果如附图 D-35 所示。

问题 4：查询部门表中是否存在部门编号为 3 的部门，如果存在，则查询员工表中员工工资大于 10000 元的员工信息。

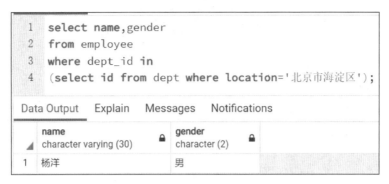

```
1   select name,gender
2   from employee
3   where dept_id in
4   (select id from dept where location='北京市海淀区');
```

Data Output   Explain   Messages   Notifications

name character varying (30)	gender character (2)
1 杨洋	男

附图 D-34　问题 2 结果

Query Editor   Query History

```
1   select *
2   from employee
3   where dept_id in
4   (select id from dept where name='人事部');
```

Data Output   Explain   Messages   Notifications

id [PK] integer	name character varying	gender character	dept_id... integer	job character varying	salary numeric	heirdate date
1	105	张玉	男	3	招聘专员	9000.00	2021-03-01

附图 D-35　问题 3 结果

答：SQL 语句如下：

select *
from employee
where salary>10000 and exists
(select id from dept where id=3);

结果如附图 D-36 所示。

Data Output   Explain   Messages   Notifications

id [PK] integer	name character varying	gender character	dept_i integer	job character varying	salary numeric (9,2)	heirdate date
1	108	杨大伟	男	7	售后客服	11000.00	2021-07-01
2	106	宋元	女	6	开发工程师	12000.00	2021-06-01
3	112	杨洋	男	1	软件工程师	11000.00	2022-02-01

附图 D-36　问题 4 结果

附录 E 3.5 节练习答案

问题 1：创建 insert 事件触发器，在向员工表中插入数据之前，检查插入的员工编号（dept_no）字段不为空。

答：创建触发器函数 SQL：

```
create function textone( )
returns trigger as $testone$
begin
if new. id is null then
raise exception '员工编号字段为空';
end if;
return new;
end;
$testone$
language plpgsql;
```

创建触发器：

```
create trigger testone before insert
on employee for each row execute procedure testone( );
```

检验触发器是否创建成功，插入数据：

```
insert into employee(id,name,gender,dept_id,job,salary)values(null,'张阳阳','男',5,'售后客服',8000);
```

结果如附图 E-1 所示。

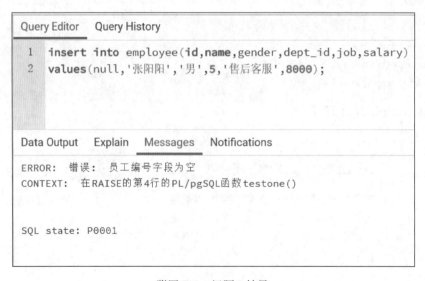

附图 E-1 问题 1 结果

问题 2：创建 delete 事件触发器，删除员工表中的一条数据，打印被删除的数据。

答：创建触发器函数：

```
create or replace function employee_delete_trigger_fun( )
returns trigger as $$
begin
    RAISE NOTICE '删除的记录:%',OLD;
end;
$$
language plpgsql;
```

创建触发器：

```
create trigger employee_delete_trigger after delete
on employee for each row execute procedure employee_delete_trigger_fun( );
```

结果如附图 E-2 所示。

附图 E-2　问题 2 结果

问题 3：用函数查询入职最晚的员工的姓名和编号。

答：SQL 语句如下：

```
create or replace function last_employee( eid out integer,ename out character varying,last_date out date )
as $$
begin
select max( heirdate )into last_date from employee;
select id,name into eid,ename from employee
where heirdate = last_date;
end; $$
language plpgsql;
```

结果如附图 E-3 所示。

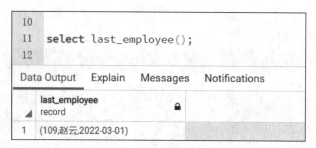

附图 E-3　问题 3 结果

附录 F   4.1 节练习答案

F.1   4.1.2 节练习答案

F.1.1   4.1.2.2 节练习答案

F.1.1.1   构造点练习答案

问题 1：以 point 的形式创建桂林理工大学（110.322879 25.286816）。

答：SQL 语句如下：

```
select ST_Point(110.322879,25.286816);
```

结果如附图 F-1 所示。

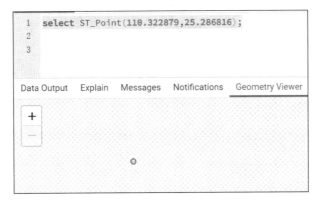

附图 F-1   问题 1 结果

问题 2：获取已知点南宁的地理坐标（X Y）。

答：SQL 语句如下：

```
select ST_X(geom),ST_Y(geom)
from sdb_province_capital
where name='南宁';
```

结果如附图 F-2 所示。

F.1.1.2   构造线练习答案

问题 1：创建一条线串（不少于 3 点）。

答：SQL 语句如下：

```
select ST_LineFromMultiPoint('multipoint(-14 21,-8 29,6 32,18 39)');
```

结果如附图 F-3 所示。

问题 2：尝试使用 ST_Length 函数，求问题 1 中创建的线串长度。

答：SQL 语句如下：

```
select ST_Length(ST_LineFromMultiPoint('multipoint(-14 21,-8 29,6 32,18 39)'));
```

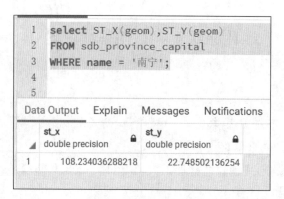

附图 F-2　问题 2 结果

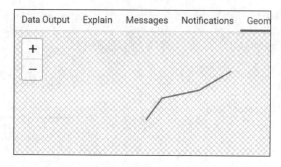

附图 F-3　问题 1 结果

结果如附图 F-4 所示。

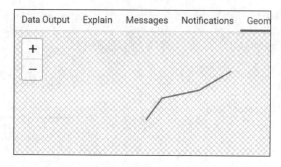

附图 F-4　问题 2 结果

问题 3：求京广线的长度。

答：SQL 语句如下：

```
select name,SUM(ST_Length(geom)) AS total_jg_railway
from sdb_railway
where name='京广铁路'
group by name;
```

结果如附图 F-5 所示。

问题 4：求全国铁路总长度。

答：SQL 语句如下：

```
select SUM( ST_Length( geom) ) AS total_railway
from sdb_railway
```

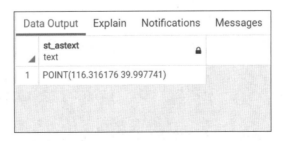

附图 F-5　问题 3 结果

结果如附图 F-6 所示。

total_railway double precision
1　318.025423060715

附图 F-6　问题 4 结果

F. 1. 2　4. 1. 2. 3 节练习答案

问题：为了便于理解和观察，将 sdb_gis_univercity 中，北京大学的 geom 转换成 WKT 格式（ST_AsText）。

答：SQL 语句如下：

```
select ST_AsText( geom)
from sdb_gis_univercity
where name = '北京大学';
```

结果如附图 F-7 所示。

st_astext text
1　POINT(116.316176 39.997741)

附图 F-7　问题结果

F. 1. 3　4. 1. 2. 4 节练习答案

问题 1：计算乌鲁木齐、拉萨、西宁三个城市点的角度。

答: SQL 语句如下:

```
select ST_Angle(a. geom,b. geom,c. geom)
from sdb_province_capital as a,sdb_province_capital as b,sdb_province_capital as c
where a. name='乌鲁木齐' and b. name='拉萨' and c. name='西宁';
```

结果如附图 F-8 所示。

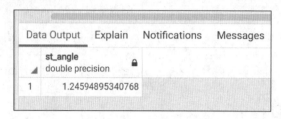

附图 F-8 问题 1 结果

问题 2: 计算南宁到拉萨的平面距离。

答: SQL 语句如下:

```
select ST_Distance(a. geom,b. geom)
from sdb_province_capital as a,sdb_province_capital as b
where a. name='南宁' and b. name='拉萨';
```

结果如附图 F-9 所示。

附图 F-9 问题 2 结果

问题 3: 计算广西壮族自治区的周长。

答: SQL 语句如下:

```
select ST_Perimeter(geom)
from sdb_province
where name='广西';
```

结果如附图 F-10 所示。

问题 4: 按升序的方式排列我国各个省/自治区的面积及名字。

答: SQL 语句如下:

```
select name,ST_Area(geom)
from sdb_province
order by ST_Area;
```

附图 F-10 问题 3 结果

结果如附图 F-11 所示。

name character varying (50)	st_area double precision	
1 澳门	0.00194170302486335	
2 香港	0.0919147921410906	
3 上海	0.588243827392047	
4 天津	1.21542044510537	
5 北京	1.72510653230923	
6 海南	2.90822106103248	
7 台湾	3.17282676320134	
8 宁夏	5.12128936721951	
9 重庆	7.59221866413673	

附图 F-11 问题 4 结果

问题 5：计算我国相距最远的两座城市的名字和距离。

答：SQL 语句如下：

```
select a. name, b. name, ST_Distance( a. geom, b. geom)
from sdb_province_capital as a, sdb_province_capital as b
order by ST_Distance DESC
limit 1;
```

结果如附图 F-12 所示。

name character varying (100)	name character varying (100)	st_distance double precision
1 乌鲁木齐	哈尔滨	39.0378098522289

附图 F-12 问题 5 结果

问题 6：以北京为点 A，广州为点 B，计算 A—B 方位角。

答：SQL 语句如下：

```
select ST_Azimuth(A. geom, B. geom)
from sdb_province_capital as A, sdb_province_capital as B
where a. name = '北京' and b. name = '广州';
```

结果如附图 F-13 所示。

附图 F-13 问题 6 结果

F.1.4 4.1.2.5 节练习答案

问题 1：以我国行政区划图为数据，求几何中心。

答：SQL 语句如下：

```
select ST_Centroid(geom)
from sdb_province;
```

问题 2：将广西壮族自治区和广东省合并为新图形，求新图形的面积。

答：SQL 语句如下：

```
select ST_Area(ST_Union(a. geom, b. geom))
from sdb_province as a, sdb_province as b
where a. name = '广西' and b. name = '广东';
```

结果如附图 F-14 所示。

附图 F-14 问题 2 计算合并图形面积

问题 3：对 sdb_province_capital 表中的"南宁"建立半径为 50 的缓冲区。

答：SQL 语句如下：

```
select ST_Buffer(geom, 50)
from sdb_province_capital
where name = '南宁';
```

F.2　4.2.2 节练习答案

问题 1：与四川省接壤的省份有哪些？

答：SQL 语句如下：

```
select b. name
from sdb_province as a,sdb_province as b
where a. name='四川'and st_touches(a. geom,b. geom)
```

结果如附图 F-15 所示。

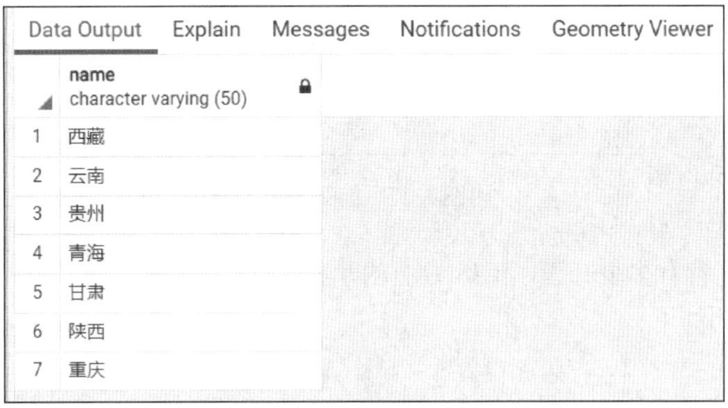

	name character varying (50)
1	西藏
2	云南
3	贵州
4	青海
5	甘肃
6	陕西
7	重庆

附图 F-15　问题 1 结果

问题 2：京广铁路穿过的省份有哪些？

答：SQL 语句如下：

```
select b. name
from sdb_railway as a,sdb_province as b
where a. name='京广铁路' and st_crosses(a. geom,b. geom)
group by b. name
```

结果如附图 F-16 所示。

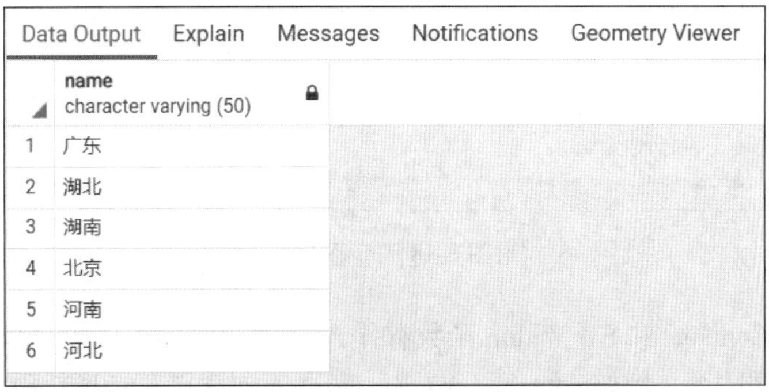

	name character varying (50)
1	广东
2	湖北
3	湖南
4	北京
5	河南
6	河北

附图 F-16　问题 2 结果

问题 3：额尔齐斯河所处的省份及该省份 2019 年 GDP 值是多少？

答：SQL 语句如下：

```
select b. name,gdp2019
from sdb_river as a,sdb_province as b
where a. name='额尔齐斯河' and st_contains(b. geom,a. geom)
group by b. name,gdp2019;
```

结果如附图 F-17 所示。

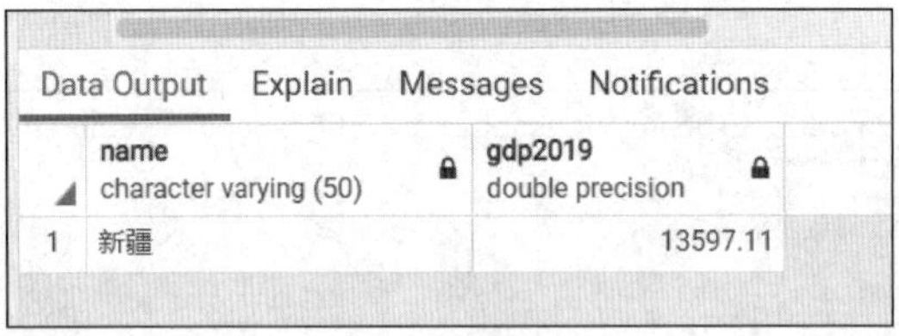

name character varying (50)	gdp2019 double precision
1　新疆	13597.11

附图 F-17　问题 3 结果

问题 4：湖北省有多少开设了 GIS 专业的学校？

答：SQL 语句如下：

```
select b. name
from sdb_province as a,sdb_gis_univercity as b
where st_within(b. geom,a. geom) and a. name='湖北'
group by b. name
```

结果如附图 F-18 所示。

name character varying (254)
1　湖北大学
2　湖北国土资源职业学院(东北门)
3　湖北科技职业学院
4　华中农业大学
5　武汉大学
6　武汉理工大学
7　长江大学
8　中国地质大学(武汉)
9　中国地质大学江城学院

附图 F-18　问题 4 结果

问题 5：ST_Contains 和 ST_Within 函数有什么异同点？

答：两者是逆关系，例如 contains（A，B）表示 A 包含 B，within（B，A）表示 B 在 A 之内，两者结果相同。

附录 G　5.1 节练习答案

G.1　5.1.3 节练习答案

问题 1：了解 raster2pgsql 各参数的意义，修改-t 参数为 256，修改-s 为 3857，重新执行 N00E090. tif 数据的导入操作。

答：选择参数-P、-I、-C、-M、-P、-F、-t 生成 SQL 脚本：

```
raster2pgsql -s 4326 -I -C -M -P F:\PostgreSQL\shizhan\dem\dem.tif -F -t 100x100 public.demt>F:\PostgreSQL\shizhan\dem\dem.sql
```

运行脚本：

```
psql -U postgres -d dem -f F:\PostgreSQL\shizhan\dem\dem.sql
```

结果如附图 G-1 所示。

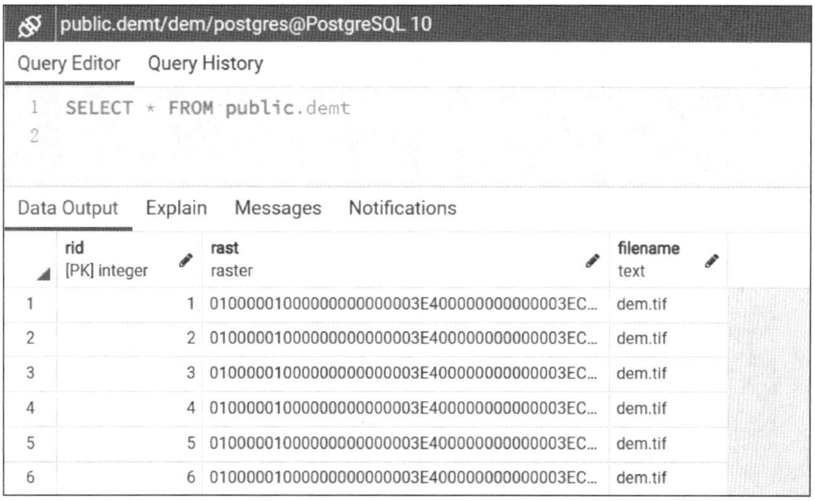

附图 G-1　问题 1 结果

问题 2：通过使用 raster2pgsql 工具，将本地任一栅格类型数据导入数据库中。导入时需要注意原栅格的 SRID 及像元大小等信息。

答：导入栅格数据 srtm_58_08. tif，首先打开 cmd 命令符工具，改变默认文件夹路径，输入以下命令，生成 SQL 脚本：

```
raster2pgsql -s 4326 -I -C -M F:\PostgreSQL\shizhan\dem\srtm_58_08.tif -F -t 100x100 public.demo1>F:\PostgreSQL\shizhan\dem\dem.sql
```

运行上一步中生成好的脚本，导入空间数据库中（见附图 G-2）：

```
psql -U postgres -d dem -f F:\PostgreSQL\shizhan\dem\dem.sql
```

输入口令后运行，导入完毕后，结果如附图 G-3 所示。

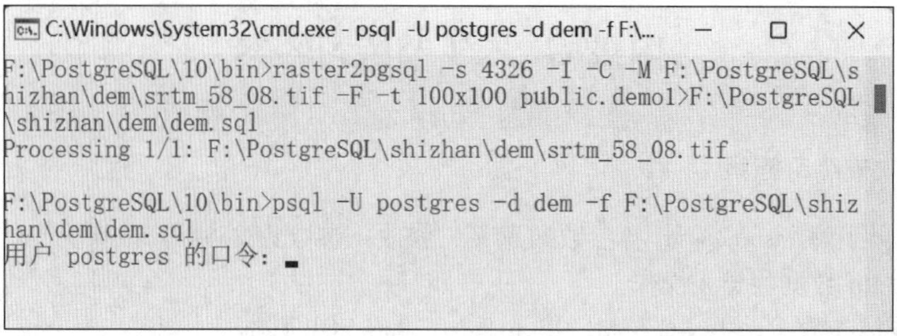

附图 G-2 问题 2 在 cmd 中生成 SQL 脚本并导入空间数据库

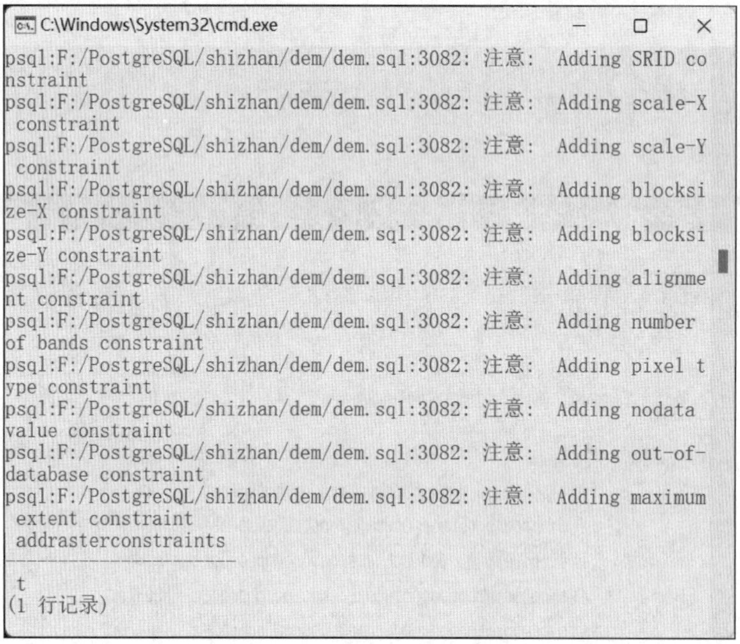

附图 G-3 问题 2 导入成功

G. 2 5.2.1 节练习答案

问题 1：在 sdb_course 数据库下，创建一个新的数据表，尝试通过从头创建一个栅格的方法，并通过函数向其添加波段、像元值。

答：在数据库下添加 raster 拓展：

```
create extension postgis_raster;
```

新建栅格数据表：

```
create table roi_raster(rid serial primary key,rast raster);
```

向栅格数据表内插入栅格数据：

```
insert into roi_raster(rid,rast)
values(1,ST_MakeEmptyRaster(100,100,0.005,0.005,1,1,0,0,4326));
```

定义波段和像元值:

```
update roi_raster
set rast=ST_AddBand(rast,
array[row(1,'8BUI'::text,231,NULL),
    row(2,'8BUI'::text,141,NULL),
row(3,'8BUI'::text,129,NULL)]::addbandarg[])
where rid=1;
values(1,ST_MakeEmptyRaster(100,100,0.005,0.005,1,1,0,0,4326));
```

创建空间索引:

```
create index
on roi_raster
using gist(ST_ConvexHull(rast));
```

结果如附图 G-4 所示。

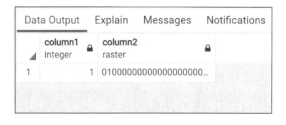

附图 G-4　问题 1 结果

问题 2: 从现有的几何数据或根据自己的喜好通过 ST_GeomFrontext 函数构造几何图形，如何将几何图形转为栅格数据?

答: 在 sdb_course 中创建一个新的矢量数据表:

```
create table roi_geom(gid serial primary key,name character varying,geom geometry);
```

用 ST_GeomFrontext 函数构造一个几何图形，插入表中（见附图 G-5）:

附图 G-5　问题 2 构造几何并插入表中

```
insert into roi_geom(gid,name,geom)
values(1,'p1',ST_GeomFromText('Polygon((0 0,2 0,2 2,0 2,0 0))'));
```

将构造的几何图形转为栅格数据：

```
select st_asraster(geom,100,100,ARRAY['8BUI'],ARRAY[118])
from roi_geom
where name='p1'
```

结果如附图 G-6 所示。

附图 G-6 问题 2 将几何图形转为栅格数据

G.3 5.2.2 节练习答案

问题：如何将在上一节练习中创建好的栅格数据，通过 PSQL 工具导出并展示导出结果？（可以以 TIFF 格式导出，结合 ArcMap 进行展示）

答：创建 Large Object（见附图 G-7）：

```
select oid,lowrite(lo_open(oid,131072),jpg)as num_bytes
from
(Values (lo_creat(0),
         st_asjpeg((SELECT rast FROM roi_raster where rid=1)))
)
as v(oid,jpg);
```

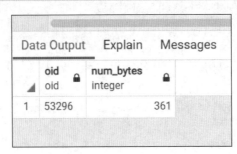

附图 G-7 创建 Large Object

在 raster2pgsql.exe 所在文件路径下打开 cmd 工具，连接数据库，输入密码，导出数据（见附图 G-8）：

\lo_export 53296 D:/output. jpg

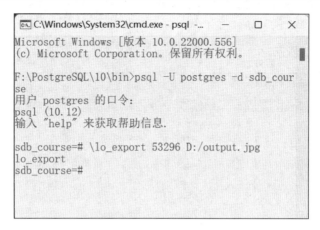

附图 G-8　在 cmd 中导出数据

G.4　5.2.3 节练习答案

问题 1：尝试使用函数，获取目标数据的栅格属性信息。

答：查看表 deom1 中栅格的基本元数据：

```
select rid,(foo.md). *
from( select rid,ST_MetaData( rast) As md
from demo1) As foo;
```

结果如附图 G-9 所示。

Data Output	Explain	Messages	Notifications								
	rid [PK] intege	upperleftx double precision	upperlefty double prec	width integer	height integer	scalex double precision	scaley double precision	skewx double	skewy double pr	srid integer	numband integer
1	1	105	25	100	100	0.000833333333333333	0.000833333333333333	0	0	4326	1
2	2	105.083333333333	25	100	100	0.000833333333333333	0.000833333333333333	0	0	4326	1
3	3	105.166666666667	25	100	100	0.000833333333333333	0.000833333333333333	0	0	4326	1
4	4	105.25	25	100	100	0.000833333333333333	0.000833333333333333	0	0	4326	1
5	5	105.333333333333	25	100	100	0.000833333333333333	0.000833333333333333	0	0	4326	1
6	6	105.416666666667	25	100	100	0.000833333333333333	0.000833333333333333	0	0	4326	1
7	7	105.5	25	100	100	0.000833333333333333	0.000833333333333333	0	0	4326	1
8	8	105.583333333333	25	100	100	0.000833333333333333	0.000833333333333333	0	0	4326	1
9	9	105.666666666667	25	100	100	0.000833333333333333	0.000833333333333333	0	0	4326	1
10	10	105.75	25	100	100	0.000833333333333333	0.000833333333333333	0	0	4326	1
11	11	105.833333333333	25	100	100	0.000833333333333333	0.000833333333333333	0	0	4326	1
12	12	105.916666666667	25	100	100	0.000833333333333333	0.000833333333333333	0	0	4326	1

附图 G-9　问题 1 结果

问题 2：获取目标数据的波段属性信息。

答：通过 ST_BandMetaData 函数，指定波段序号即可。

```
select rid,(foo. md). *
from(select rid,ST_BandMetaData(rast,1)As md
from demo1)As foo;
```

结果如附图 G-10 所示。

	rid [PK] integer	pixeltype text	nodatavalue double precision	isoutdb boolean	path text	outdbbandnum integer	filesize bigint	filetimestamp bigint
1	1	16BSI	-32768	false	[null]	[null]	[null]	[null]
2	2	16BSI	-32768	false	[null]	[null]	[null]	[null]
3	3	16BSI	-32768	false	[null]	[null]	[null]	[null]
4	4	16BSI	-32768	false	[null]	[null]	[null]	[null]
5	5	16BSI	-32768	false	[null]	[null]	[null]	[null]
6	6	16BSI	-32768	false	[null]	[null]	[null]	[null]
7	7	16BSI	-32768	false	[null]	[null]	[null]	[null]
8	8	16BSI	-32768	false	[null]	[null]	[null]	[null]
9	9	16BSI	-32768	false	[null]	[null]	[null]	[null]
10	10	16BSI	-32768	false	[null]	[null]	[null]	[null]
11	11	16BSI	-32768	false	[null]	[null]	[null]	[null]
12	12	16BSI	-32768	false	[null]	[null]	[null]	[null]

附图 G-10　问题 2 结果

G.5　5.2.5.1 节练习答案

问题 1：以矢量和栅格数据为目标，使用以上空间关系函数，查看返回结果并展示。

答：ST_Contains：

```
select ST_contains(a. rast,b. rast)
from roi_raster as a,roi_raster as b
where a. rid = 1 and b. rid = 3;
```

结果如附图 G-11 所示。

ST_Covers：

```
select ST_covers(a. rast,b. rast)
from roi_raster as a,roi_raster as b
where a. rid = 1 and b. rid = 3;
```

结果如附图 G-12 所示。

ST_Disjoint：

```
select ST_disjoint(a. rast,b. rast)
from roi_raster as a,roi_raster as b
where a. rid = 1 and b. rid = 3;
```

结果如附图 G-13 所示。

ST_Intersects：

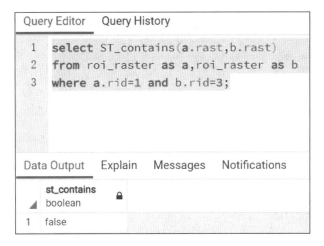

附图 G-11　几何 3 不完全位于几何 1 中

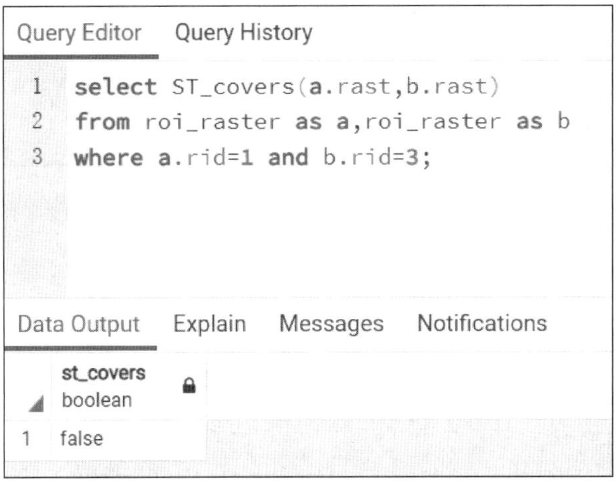

附图 G-12　几何 3 中有点在几何 1 之外

```
select ST_Intersects(a. rast,b. rast)
from roi_raster as a,roi_raster as b
where a. rid=1 and b. rid=2;
```

结果如附图 G-14 所示。

ST_overlaps：

```
select b. rid
from sdb_course as a,sdb_course as b
where ST_Overlaps(a. rast,b. rast)and a. rid=6;
```

结果如附图 G-15 所示。

ST_touches：

```
select b. rid
from sdb_course as a,sdb_course as b
where ST_Touches(a. rast,b. rast)and a. rid=1;
```

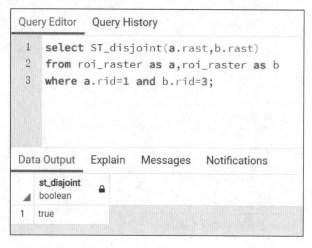

附图 G-13　几何 1 和几何 2 空间不相交（没有共同点）

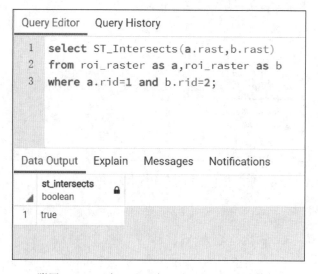

附图 G-14　几何 1 和几何 2 在 2D 空间上的相交

rid [PK] integer	
1	2
2	4

附图 G-15　几何 6 与几何 2、几何 4 具有相同的纬度但彼此不完全包含

结果如附图 G-16 所示。

	rid [PK] integer
1	2
2	3
3	4

附图 G-16　几何 1 与几何 2、几何 3、几何 4 至少有一个共同点但其内部不相交

问题 2：创建两个表文件：zones 和 squares，使用以上空间关系函数将找出相交但不完全处于同一地块内的所有正方形。

答：创建表文件：

```
create table squares(
id integer,
geom geometry);
create table zones(
id integer,
geom geometry);
insert into squares (id,geom)VALUES (
1,
('polygon((0 0,0 10,10 10,10 0,0 0))')
);
insert into squares (id,geom)VALUES (
2,
('polygon((20 0,20 10,30 10,30 0,20 0))')
);
insert into squares (id,geom)VALUES (
3,
('polygon((40 0,40 10,50 10,50 0,40 0))')
);
insert into zones (id,geom)VALUES (
1,
('polygon((-1 -1,-1 11,11 11,11 -1,-1 -1))')
);
insert into zones (id,geom)VALUES (
2,
('polygon((19 -1,19 11,29 9,31 -1,19 -1))')
);
insert into zones (id,geom)VALUES (
3,
('polygon((39 -1,39 11,51 11,51 -1,39 -1))')
);
```

找出相交但不完全处于同一地块内的所有正方形：

```
select s. id
as sq_id
from squares s , zones z
where st_intersects (s. geom, z. geom) = 't'
and st_within (s. geom, z. geom) = 'f';
```

结果如附图 G-17 所示。

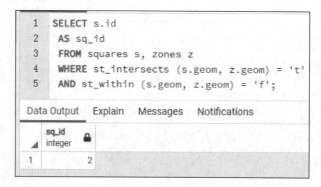

附图 G-17　问题 2 结果

G. 6　5. 2. 5. 2 节练习答案

问题 1：如何通过 ST_Clip 函数，以太原市矢量数据为掩膜，裁剪出太原市的栅格数据？

答：（1）在 Arcmap 中导入 dem_30m 文件夹下的文件，在工具栏选择"数据管理工具"→"栅格"→"栅格数据集"→"镶嵌至新栅格"，拼接得到太原市的栅格图像，如附图 G-18 所示。

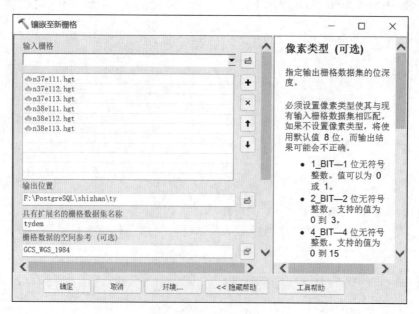

附图 G-18　数据镶嵌

（2）将拼接得到的 dem 图像用 cmd 工具导入到数据库中，如附图 G-19 所示。

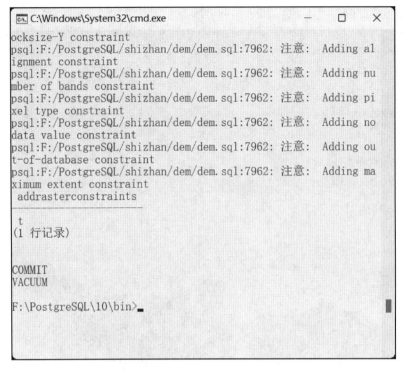

附图 G-19　DEM 导入数据库

（3）使用 ST_Clip 函数裁剪（见附图 G-20）：

```
select st_union(st_clip(rast,geom)) as rast
from tydem
where st_intersects(rast,geom)
```

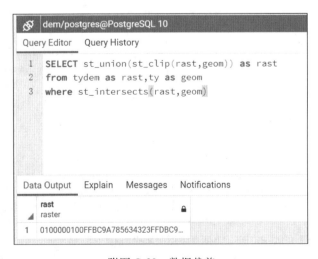

附图 G-20　数据裁剪

（4）创建 Large Object：

```
select oid,lowrite(lo_open(oid,131072),tif)as num_bytes
from(Values(lo_creat(0),st_astiff((SELECT st_union(st_clip(rast,geom)) as rast from tydem cross join ty
where st_intersects(rast,geom))))))
as v(oid,tif);
```

（5）导出：

```
psql -U postgres -d dem

\lo_export 77976 D:/taiyuan.tif
\lo_export 78991 D:/poxiang.tif
```

结果如附图 G-21 所示。

附图 G-21 问题 1 结果

问题 2：如何对裁剪后的太原市 DEM 影像进行操作，生成山体阴影？

答：生成并导出太原市 DEM 影像的山体阴影数据，结果如附图 G-22、附图 G-23 所示。

```
select ST_hillshade(ST_union(rast))
from taiyuan;
select oid,lowrite(lo_open(oid,131072),tif)AS num_bytes
from
(Values(lo_creat(0),st_AsTiff((SELECT ST_HillShade(ST_Union(rast)) FROM taiyuan)))) as v(oid,
tif);
```

问题 3：在问题 2 的基础上，如何生成对应的坡度？

答：生成坡度数据：

```
select oid,lowrite(lo_open(oid,131072),tif) AS num_bytes
from
(Values(lo_creat(0),st_AsTiff((SELECT ST_Slope(ST_Union(rast)) FROM taiyuan))))
as v(oid,tif);
```

```
1  SELECT oid,lowrite(lo_open(oid,131072),tif) AS num_bytes
2  FROM
3  (Values (lo_creat(0),
4          st_AsTiff((SELECT ST_HillShade(ST_Union(rast)) FROM taiyuan)))
5  )
6  AS v(oid,tif);
```

Data Output　Explain　Messages　Notifications

oid 🔒	num_bytes 🔒
oid	integer
1 78989	81922760

附图 G-22　生成并导出太原市 DEM 的山体阴影数据

附图 G-23　山体阴影数据

结果如附图 G-24 所示。

问题 4：在问题 2 的基础上，如何生成对应的坡向？

答：生成坡向数据：

```
select oid,lowrite(lo_open(oid,131072),tif) AS num_bytes
from
(Values (lo_creat(0),
         st_AsTiff((SELECT ST_Aspect(ST_Union(rast)) FROM taiyuan)))
)
as v(oid,tif);
```

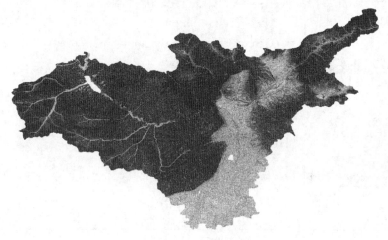

附图 G-24　坡度数据

结果如附图 G-25 所示。

附图 G-25　坡向数据

参 考 文 献

［1］ Abraham Silberschatz. 数据库系统概念［M］. 杨冬青，等译. 北京：机械工业出版社，2021.

［2］ 张权，郭天娇. SQL 查询的艺术［M］. 北京：人民邮电出版社，2014.

［3］ 屠要峰，陈河堆，等. 深入浅出 PostgreSQL［M］. 北京：电子工业出版社，2020.

［4］ Obe R，Hsu L S. PostGIS in action［M］. New York：Simon and Schuster，2021.

［5］ 陈永刚. 开源 GIS 与空间数据库实战教程［M］. 北京：清华大学出版社，2016.

［6］ 崔铁军. 地理空间数据库原理［M］.2 版. 北京：科学出版社，2016.